XIAOFANG YINGJI TONGXIN
JISHU YU YINGYONG

消防应急通信
技术与应用

朱红伟　编著

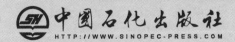

中国石化出版社
HTTP://WWW.SINOPEC-PRESS.COM

内容简介

本书从现有体制、机制的实际状况着手,对消防部门在灭火救援中的应急通信技术和应用情况进行了总结和梳理。本书共分为 7 章,概述了应急通信概念和应用需求、国内外应急通信现状、应急通信技术及其发展趋势,并详细地介绍了消防应急通信系统、消防应急通信组织、消防应急通信力量与行为和消防应急通信预案编制与演练。

本书可作为应急通信管理工作人员实际工作中的参考用书。

图书在版编目(CIP)数据

消防应急通信技术与应用 / 朱红伟编著 . —北京:
中国石化出版社,2020.12(2024.3 重印)
ISBN 978 - 7 - 5114 - 6133 - 9

Ⅰ.①消⋯ Ⅱ.①朱⋯ Ⅲ.①消防 - 通信系统
Ⅳ.① TU998.13

中国版本图书馆 CIP 数据核字(2021)第 029863 号

中国石化出版社出版发行
地址:北京市东城区安定门外大街 58 号
邮编:100011 电话:(010)57512500
发行部电话:(010)57512575
http://www.sinopec-press.com
E-mail:press@sinopec.com
北京艾普海德印刷有限公司印刷
全国各地新华书店经销
*
710×1000 毫米 16 开本 12.25 印张 197 千字
2020 年 12 月第 1 版 2024 年 3 月第 5 次印刷
定价:68.00 元

现代社会是信息社会，通信是重要手段、方法和载体。在政府处理突发事件的应急管理中，通信作为重要的决策辅助支撑手段，是各应急组织间信息传递、指令传达、数据存储和资源共享的一座重要桥梁，时刻影响着应急管理时的决策水平，在应急管理工作中扮演着重要的角色，甚至起着决定性的作用。

中国的应急体系起步较晚，早期条块分割的问题严重，致使缺乏统一的应对机制，面对突发事件如九龙治水，效率低下。与其配套的应急通信的规划、建设、管理水平也相对低下，如在2008年5·12四川汶川大地震中，虽然地震震中在汶川，但受灾最严重的区域却在北川，由于灾情初期信息无法及时传递，救灾指挥部一开始在北川安排的救援力量相对较少，影响救灾工作开展。同样因为设备缺乏，很多地方出现重复救灾，浪费救援力量的情况。地震后，汶川、理县、北川、黑水等7个县对外通信完全中断，瞬间成为中国地图上的7个信息孤岛。而最后一个孤岛黑水县通信打通是在震后第147个小时。当时，受灾严重的汶川县音讯全无，仿佛从地球上消失一般。如此等等，都是由于缺少相应的应急通信保障而带来的灾难后的"灾难"。

2018年成立了国家应急管理部，规划和建设与此相配套的应急通信体系，也势在必行。当前我国的应急通信管理方面还处在初级阶段，由于应急管理部刚刚成立，很多法律法规有待理顺和完善，应急通信手段不发达，应急处置实战经验也不够，与政府行政体制的矛盾、与其他行业资源共享的障碍等现状都阻碍着应急通信管理工作的进一步发展。

本书从现有体制、机制的实际状况着手，通过对消防部门在灭火救援中的应急通信技术和应用情况进行总结和梳理，旨在为将来建立基于应急管理大背景下的应急通信体系，做一些基础性的工作。

本书编写过程中参考了大量文章和书籍资料，在此对这些文章和书籍的作者表示深深的谢意！

目　录

第一章　应急通信概述

第一节　应急通信概念

一、应急与应急管理

（一）应急

首先"应急"可以作为一个名词来理解，此时其简明含义为：应对突然发生的需要紧急处理的事件。其中包含两层意思：客观上，事件是突然发生的；主观上，需要紧急处理这种事件。国外钱伯斯词典把应急（Emergency）定义为：突然发生并要求立即处理的事件。

突然发生的需要紧急处理的事件通常被人们简称为"紧急事件"，或者"突发事件"。但是，如此简称未必确切，"紧急"是人的主观感受，对于一个"紧急事件"，你认为紧急，我未必认为紧急；"突发"是事件发生过程的客观描述，但是"突发事件"未必都是坏事，因而未必需要应急处理，在这里加上"需要紧急处理"的定语，就能把这个事情基本说明白了。

其次，"应急"也可作为一个动词来理解，此时其含义为：应付突发事件的动作或行动，而且一般是采取某些超出正常工作程序的行动，以避免事故发生或减轻事故后果的状态，有时也称为紧急状态。同时也泛指立即采取超出正常工作程序的行动。

（二）应急管理

应急管理是指政府及其他公共机构在突发事件的事前预防、事发应对、事中处置和善后恢复过程中，通过建立必要的应对机制，采取一系列必要措施，应用科学、技术、规划与管理等手段，保障公众生命、健康和财产安全，促进社会和谐健康发展的有关活动。危险包括人的危险、物的危险和责任危险三大类。首先，人的危险可分为生命危险和健康危险；物的危险指威胁财产安全的火灾、雷电、台风、洪水和地震等事故灾难；责任危险是产生于法律上的损害赔偿责任，一般又称为第三者责任险。

中国之前的应急体系是在计划经济的模式上建立起来的，分散在消防、森林消防、抗洪救援、地震救援、水上救援、铁路救援、民航救援、危化品救援和矿山救援等十多个行业或部门，想要协调绝非一朝一夕之功。

2005年正式成立的国家减灾委员会，就是国务院副总理领衔的部际协调机构，类似于一个"减灾工作群"，这个群里有哪些部门参与呢？民政部、中央军委、外交部、发改委、科技部、公安部、国土资源部、财政部、工信部、住建部、交通部、商务部、安监总局、中科院、监察部、卫计委、农业部、水利部、新闻出版广电总局、铁总……一应俱全，复杂度也可想而知。

2006年国务院应急管理办公室成立后，全国应急管理又有了"值班室"，但应急管理办公室职级不够，常常难免有"小马拉大车"的尴尬。所以应急救援仍然是九龙治水的格局。2007年《突发事件应对法》规定：自然灾害主要由民政部、水利部、地震局等牵头管理，事故灾难由国家安全生产监督管理总局等牵头管理，突发公共卫生事件由卫生部牵头管理，社会安全事件由公安部牵头负责，由国务院办公厅总协调。

这样的多头系统应对单一风险尚且勉强，但对于现代社会的复合型风险就捉襟见肘。比如一次雪灾可能导致大规模停电，进而导致交通拥堵、城市瘫痪；一次地震则可能震垮维系现代生活的所有必需品，救援需要各个部门的合力。但面对"高风险的城市，不设防的农村"，传统单一部门的职能常有重合，也在平时缺乏横向协调，难免在突发事件中影响救援效率。条块分割的应急体系，在2008年汶川地震中经受了巨大考验。

2018年成立了国家应急管理部，从机构设置上改变了"多龙治灾"的种种弊端。其基本职责是"组织编制国家应急总体预案和规划，指导各地区各部门应对突发事件工作，推动应急预案体系建设和预案演练。建立灾情报告系统并统一发布灾情，统筹应急力量建设和物资储备并在救灾时统一调度，组织灾害救助体系建设，指导安全生产类、自然灾害类应急救援，承担国家应对特别重大灾害指挥部工作。指导火灾、水旱灾害、地质灾害等防治。负责安全生产综合监督管理和工矿商贸行业安全生产监督管理等"。这是从国家层面对政府应急管理职责的定位描述。

二、应急通信的含义

基于对"应急"和"应急管理"概念的理解，"应急通信"可以理解为支持应对突发事件行动的通信。对应"应急通信"的英文是"Emergency Communication"。直译成中文则是"紧急事件通信"。这样翻译意思大体接近，但是仍然不够确切。

比如有人对应急通信系统的理解为：能够满足这种特殊机制需求的专用通信系统。为应对公共安全和公共卫生事件、大型集会活动、救助自然灾害、抵御敌对势力攻击、预防恐怖袭击和其他众多突发情况而构建的专用通信系统。

这样的理解从逻辑上没有错，但把应急通信限制在"专用通信系统"的思想过于狭窄，不符合也不利于应急通信的发展与应用，我们应从更广、更高的角度来理解应急通信的含义。在这里我们不妨借用应急管理部"平战结合、专常兼备"的基本思想，凡是能支持应对突发事件行动的通信都可纳入应急通信系统的范畴。

从应急概念因素分析来看，显然应急通信不是一种通信方式，而是一组支持不同应急需求的因而具有不同属性的通信方式。

图 1-1 是应急通信功能结构图，从应急通信功能结构图中可以看出，应急通信根据使用要求不同可能分为 $6 \times 2 \times 3=36$ 种应急通信系统。例如：

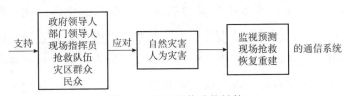

图 1-1　应急通信功能结构

（1）支持国家重大突发事件监视和预测的通信系统；

（2）支持地方发现和处理突发事件的通信系统；

（3）支持灾区最高指挥员实施现场指挥的通信系统；

（4）支持现场抢救的通信系统；

（5）现场电视转播系统；

（6）灾区现场应急通信技术支持系统；

（7）灾区群众自救和呼救应急通信系统；

（8）灾区群众对外通信系统。

虽然根据应急通信功能结构图，可能要分成 36 种应急通信系统，但是，其中有一些通信使用要求类似，有一些通信要求可以由公用通信系统支持。所以，实际上需要的应急通信系统种类不会这么多。但是可以肯定的是，应急通信不是一种而是多种通信系统。

基于以上分析可以给出应急通信定义：为支持参与应对自然或人为突发事件行动中的各类力量所需的信息保障，而利用各种通信资源、方法和手段，提供的一种暂时的、快速响应的通信机制。

三、应急通信的特点

（一）时间的突发性

所谓时间的突发性指两个方面的含义，一是对绝大多数突发事件，尤其是灾害性事件，发生的准确时间无法事先预计；二是突发事件及其处理具有时间上的阶段性，在某一个阶段呈现特殊性，过了这个阶段又可（在人们的努力下恢复或自然恢复）恢复到常态。

（二）地点的不确定性

在大多数情况下，突发事件发生的地点具有不确定性，如美国 9·11 恐怖袭击发生在纽约，而飓风"卡特里娜"则袭击美国的路易斯安那、密西西比和亚拉巴马等州。从某种意义上说，任何一个地方均有可能发生突发事件，而地点的不确定性带来的直接问题是区域地理特征的明显差别，如山区、沙漠、沿海、丘陵、城市、岛屿等，这对通信保障要求均不同。

（三）地理环境的复杂性

应急通信面临的地点不固定、地形地貌复杂多变，如海边、山区、城区、地下、高楼内等，环境复杂，有时也伴随有害物质如放射性、有毒气体、浓烟等，这就为应急通信设备的环境适应性和设备使用人员的现场安全性提出了特别要求。

（四）容量需求的不确定性

在设计应急保障通信时，有个基本的问题是所设计的系统应该具有多大容量？这个问题是没有办法解决的。其一是不同的事件，所需的容量不同，比如汶川地震，所有的通信均瘫痪，而城市火灾发生时，并非所有通信均中断。二是同一类事件，程度不同，所需的通信保障容量也不一样。如地震，严重地震和轻微地震对电信基础设施的损坏不同，所需的通信保障容量也就不一样。三是地点不同，所需的应急通信保障容量和手段也不同，人口密集的城区和空旷的郊外，情况是不一样的。

（五）通信保障的业务多样化

在日常的通信中，有数据业务、语音业务、图像业务、视频流及多媒体业务等，而当突发事件发生时，应该保障哪些业务？显然，能保障的业务越多，设备越复杂，在电信基础被基本毁坏的情况下，构建系统的时间越长，反而不利于实施对突发事件的处理。为了利用现场一切可以利用的传输网，应急通信设备必须提供各种接口，适配有线链路、微波链路、卫星链路和无线链路，建立信息孤岛和外界的通信链路，保证通信畅通，满足语音、数据和视频图像等业务的实时传输。

（六）现场应用的高度自主性

在部分灾难现场，很多通信是发生在灾难现场的封闭区域内的，因此要求应急通信系统能够自成体系，不仅能提供和外界联络的通道，还能保证灾难现场的内部通信需求，为内部自救提供通信保障。

第二节 应急通信的应用需求

一、对应急通信设备的需求

应急通信系统不同于常规通信，其场景众多、环境复杂恶劣，并且应急通信呈现出日益迫切的多媒体化需求，在传递语音的基础上，还需要传送大量的数据、视频、图片等多媒体信息。

组网灵活：可根据应急通信的范围大小，迅速、灵活地部署设备，构建网络。

快速布设：不管是基于公网的应急通信系统，还是专用应急通信系统，都应该具有能够快速布设的特点。在可预测的事件诸如大型集会、重要节假日景点活动等面前，通信量激增，基于公网的应急通信设备应该能够按需迅速布设到指定区域；在破坏性的自然灾害面前，留给国家和政府的反应时间会更短，这时应急通信系统的布设周期会显得更加关键。

小型化：应急通信设备需要具有小型化的特点，并能够适应复杂的物理环境。在地震、洪水、雪灾等破坏性的自然灾害面前，基础设施部分或全部受损，便携式的小型化应急通信设备可以迅速运输、快速布设，快速建立和恢复通信。

节能型：由于通信对电力有很强的依赖性，某些应急场合电力供应不健全甚至完全没有供电，完全依靠电池供电会带来诸多问题。因此，应急系统应该尽可能地节省电源，满足系统长时间、稳定的工作。

简单易操作：应急通信系统要求设备简单、易操作、易维护，能够快速地建立、部署、组网。操作界面友好、直观，硬件系统连接端口越少越好。所有接口标准化、模块化，并能兼容现有的各种通信系统。

具有良好的服务质量保障：应急通信系统应具有良好的传输性能、语言视频质量等，并且网络响应迅速，快速建立通话，能针对应急所产生的突发大话务量作出快速响应，保证语音畅通，应急短消息的及时传播。

二、对应急通信业务种类服务需求

典型的应急通信服务需求包括：

（一）视频传输

为了应急响应行动，应急响应人员通常需要分发重要信息。这时可能需要实时将视频传输至指挥／控制中心。典型的场景包括：火灾现场视频传输到消防部门指挥中心，或是附近分布的消防员。另一个场景是抗议示威集会、游行，当暴力事件发生时能将实时视频传输至警察部门。对于视频传输，需要特定的网络以满足可接受的 QoS（Quality of Service，服务质量）。网络需求的吞吐量依赖于视频帧速率、分辨率以及色彩。

（二）音频／语音

过去十几年间，在两个同等用户间已建立稳固的语音服务应用，以支持公共安全操作。陆地移动无线提供半双工操作，需要用户按键说话。同时，公共安全通信体系正努力实现全双工公共安全语音传输服务。影响语音质量的因素包括：相关数据包的丢失（当为零时，数据包的丢失是随机的）；数据包丢失率；根据使用网络的类型（如 IP），数据包大小的变化。语音质量同时依赖于所使用的压缩算法。

根据语音服务的类型，需要不同的信道带宽。要提供远程会议语音传输服务，当对传输延迟容忍低时，数据传输速率需要 1Mb/s；对于电话语音，数据传输速率为 65kb/s，此时对数据传输延迟容忍度却非常低。

（三）按键通话

按键通话（PTT）是一种允许两用户间通过半双工方式进行通信的技术。通过按键，控制语音接收和发送模式的转换。PTT 工作于"步谈"模式，具有许多特点和优势：

瞬时链接：通过按键，用户能够瞬时建立链接，而不需要拨号或是等待链接建立。

群通话：通过注册 PTT 群服务，形成用户群，一个用户说话，群中其他用户能够同时听见他的声音。

节约成本（与3G的SMS相比）：作为PTT，信息能够同时分发到多个用户。

PTT 技术的前两个特点（瞬时链接，群通话），在应急情况下非常重要，应急人员能够通过 PTT 快速建立链接，进行正常通信。基于蜂窝的 PTT（PoC）在移动通信中提供按键语音通话服务。基于半双工的 VoIP 技术，则提供点到点以及点到多点的通信链接。

（四）实时文本信息（RTT）

应急状态下，对于警示信息分发，文本信息是一种有效、快捷的解决方案。典型的应用包括：

个人向警察报告可疑的人或行动；

受灾人员与亲属间沟通；

政府部门向公众发布可能的灾害信息（如飓风、火灾、洪水）等。

典型的文本信息可能是 SMS、E-mail 或瞬时信息等。实时文本信息的发布，对数据传输速率的需求并不高，28kb/s 的速率能够满足这种应用类型。

（五）定位和状态信息

定位和状态信息是非常重要的。在应急事件中，受灾人员的位置，能够引导救援人员提供即时的医疗救助。可以通过使用多项技术，获取定位信息。例如，4G 网络能够提供比 3G 网络更为精确的定位信息，原因在于 3G 仅使用 GPS 技术，其精度有限。通过诸如射频识别（RFID）标签等手段，能够为受伤人员、设备以及医护人员提供必要的定位信息，从而增强救援效能。同时，GPS 技术为室外环境提供定位信息，而射频识别标签和基于 Wi-Fi 的定位系统可应用于室内环境。

状态信息是关于在应急区域内各目标的多个类型的状态。例如：针对公共安全服务，传感器网络能够广播有关环境温度、水位等相关信息。在应急状况下，医护人员在受伤人员身上放置 ID 追踪器，能够根据他们的危险程度（如生命危险、受伤严重等）进行分类。

（六）广播和多路广播

广播能够将信息传输到所有用户，而多路广播能够将信息传送至一个用户群。两个功能都能增强公共安全和救援行动。例如，银行外的可疑行动能够触发实时视频监控，并通过多路广播的形式将信号传输到附近警车。

三、突发事件对不同阶段应急通信的需求

（一）突发事件发生之前的应急通信需求

在应急概念讨论中已经说明，所有突发事件都需要事先监视和预测。这样做的目的是尽可提前发出可能发生突发事件的预测，尽可能快地发现和证明灾害已经发生。这就需要通信系统支持突发事件监视和预测系统。

突发事件发生之前，对于应急通信的需求可以分为两类：国家重大突发事件监视和预测，地方多发突发事件的日常应对。国家重大突发事件包括：地震、水灾、火灾、疫情、恐怖事件等；地方多发突发事件包括：地方性的刑事案件、政治动乱、恐怖事件等。这些监视和预测都需要通信系统支持。

1. 支持国家重大突发事件监视和预测的通信系统需求

（1）支持预测和确认国家级重大突发事件。

（2）电信业务：主要是大量的数据业务。

（3）工作环境：建设各级政府部门的固定监视和预测中心，监视和预测中心能够采集来自全国的监视和测量数据。

（4）设计目标：保证业务质量，尽可能提高网络资源利用效率，尽可能改善电信网络安全性，信息内容尽可能保密。

（5）使用配置：国家各级政府纵向管理，各级政府监视和测量本辖区是否发生了突发事件；政府各个职能部门横向管理，政府各个职能部门监视和测量相关职能方面是否发生了突发事件。可见这种监视和测量涉及多个国家部门，通过纵横两条线进行监视和测量，纵横管理线最后归结到中央政府。

2. 支持地方多发突发事件的通信系统需求

（1）基本用途：支持发现和处理本地多发突发事件。

（2）电信业务：

①报警业务：固定电话、固定传真、移动电话；话务量要求满足整个城市或者整个管辖区域的报警需要。

②处警业务：数据、电视、固定电话、固定传真、移动电话；话务量要求满足整个城市或者整个管辖区域的处警需要。

（3）工作环境：建设固定指挥中心，保障指挥中心能够沟通整个城市或管辖区域。

（4）设计目标：保证业务质量，尽可能提高网络资源利用效率，尽可能改善电信网络安全性，信息内容尽可能保密。

（5）使用配置：各个城市或者各个管辖区域独立管理，例行向直接上级请示上报，与相邻城市或者区域协同配合。

（二）应对突发事件发生之中的应急通信需求

在应急概念讨论中已经说明，突发事件发生之后的第一要务无疑是抢救。其间可能出现异乎寻常的大量的组织工作。突发事件发生之后的抢救工作是一种短期的、需要广泛协同的、高强度群体行为。这就要求应急通信系统必须能够有效地支持这些抢救工作。

突发事件发生之后，对于应急通信的需求可以分为5类。

1. 支持灾区最高指挥员实施现场指挥的通信系统需求

（1）基本用途：支持灾区最高指挥员实施现场指挥。

（2）电信业务：固定电话、固定会议电话、电视、图像；业务量要求确实保障灾区现场最高指挥员的需要。

（3）工作环境：配置专用机动指挥所，以指挥所为中心覆盖整个灾区，指挥所有参与现场抢救的群体；同时能够与中央和附近的市政府、省政府及军事基地保持热线通信。

（4）设计目标：保证业务质量，保证信息内容安全，尽可能改善电信网络安全性，尽可能提高网络资源利用效率。

（5）使用配置：一个灾区只设置一个现场抢救最高指挥所，配置一个支持最高指挥的应急通信网络。

2. 支持现场抢救的通信系统需要

（1）基本用途：支持现场抢救指挥员实施指挥。

（2）电信业务：移动电话业务。

（3）工作环境：实施抢救的有限区域，抢救人员随身携带。

（4）设计目标：保证电话质量，设备尽可能轻便。

（5）使用配置：每一个抢救群体配置一套，支持现场抢救群体的领导者与群体成员之间协调。

3. 现场电视转播系统需求

（1）基本用途：支持转播现场状况。

（2）电信业务：现场电视业务。

（3）工作环境：灾区现场状况录像转播。

（4）设计目标：保证电视质量，设备尽可能轻便。

（5）使用配置：一个灾区配置几套录像转播系统，提供中央电视台的节目供选择。

4. 灾区现场应急通信技术支持系统的需要

（1）基本用途：支持异频和异制电台之间互通、入网和延长传输距离。

（2）电信业务：现存的各种军用或民用列装电台业务。

（3）工作环境：灾区现场。

（4）设计目标：保证互通功能，设备尽可能轻便。

（5）使用配置：根据需要，一个灾区配置几套机动技术支持车辆。

5. 灾区群众自救和呼救应急通信需求

（1）基本用途：支持灾区群众自救和呼救。

（2）电信业务：电话和各种可能的呼救信号。

（3）工作环境：灾区现场。

（4）设计目标：采用各种可能的设施，发送尽可能多的呼救信号。

（5）使用配置：利用所有可能使用的设施。

6. 灾区群众对外通信的需求

（1）如果突发事件未彻底破坏本地公用电信网络，这时灾区群众对外通信主要依靠残存的公用电信网络资源。不过，这时的灾区抢救指挥也要首先争用这些珍贵的电信网络资源。所以，各个电信公司必须另外补充通信容量。

（2）如果突发事件彻底破坏了本地公用电信网络，这时，公用电信公司必须配置机动电信网络来临时消除通信盲区。

（三）突发事件发生之后支持恢复重建工作的应急通信需求

发生突发事件之后，在解决了受灾群众的基本温饱之后，将转入恢复重建工作。在恢复重建初期，可能仍然需要一部分外地支援，这时仍然需要一部分应急通信系统支持。在恢复重建中后期，主要依靠本地自力更生，而且这时公用通信系统已经恢复，足以支持灾区的恢复重建工作，这时不再需要应急通信系统。如果说需要的话，那就是支持国家重大突发事件监视和预测的通信系统和支持地方多发突发事件的通信系统应当恢复正常工作。

第二章　国内外应急通信现状

第一节　国外应急通信概况

一、美国应急通信概况

（一）美国的政府组织和应急模式

美国应急指挥系统的总特征为行政首长领导、地方负责，纵向垂直协调管理，横向平行沟通交流，信息资源和社会资源充分共享。美国联邦应急事务管理总署是应急管理中级别最高的行政机构，统一管理全国的防灾救灾工作，其署长兼任国土安全部副部长，并直接对总统负责。总署设署长办公室、总顾问办公室、国家紧急准备办公室、国家安全协调办公室等，署长办公室下设应急准备与复原局、联邦保险与减灾局、联邦消防管理局、外部事务局、信息技术服务局、管理与资源规划局、地区协调局等七个机构。联邦应急事务管理总署的主要职能是：突发事件发生前的准备、发生后的应急反应、灾后重建等。各州也都设有相应机构，州应急系统的心脏是应急管理中心。应急管理中心平时是应急计划和各项政策的制定机构，一旦发生紧急情况即成为应急反应运作的协调机构。应急管理中心的主要负责人为地方政府的行政长官，常务人员多为其他部门的负责人员。

应急管理中心主要包括政府的公共安全、医疗系统、社会服务等组织机构。公共安全机构包括警察、消防、911中心，在维持公共秩序、现场救险、伤员运送、灾难恢复等方面这些机构发挥着重大的作用。医疗系统主要提供紧急的医疗救护，包括为灾害现场的受害人员提供紧急救护和在医院里由专业医护人员提供的恢复医疗。社会服务是指各种非营利组织，如教会、"红十字会"等，他们组织志愿者为灾区的居民提供食品、衣服、庇护所，安抚死伤家属等。

（二）美国的应急通信管理

美国的应急管理机制已非常完善，设立了《紧急状态法》等多部法律法规。在美国的《突发事件管理系统》中，将应急通信与指挥系统、准备、资源管理和支持系统一起作为五个重要的组成部分。在《国家应对预案》中，规定的 15 个"紧急事态支持功能"中，通信被列为第二位，显示出通信在应急管理支撑功能上的重要地位。在组织机构方面，美国建立了应急通信方面的专门机构。全国应急通信的职能承担者和协调者是国土安全部、该部下属的情报分析与基础设施保护司以及该司的全国通信系统，三者虽然是垂直的上下级机构，但在对通信系统的管理中，被一体化称作 DHS/IAIP/NCS；支持者包括国防部、农业部、商业部、内政部、联邦通信委员会和通用事业管理局等。其协调联邦的行动，为暂时的全国安全和紧急事态准备所需的电子通信以及电子通信系统基础设施的恢复提供服务。激活紧急通信系统后，将在各大区设置远程通信专家，作为联邦紧急事态通信协调官，承担区域应急通信的协调功能。州政府有自己的应急管理中心，自己协调地方企业建立应急通信网络，在紧急状况时，也可申请联邦通信系统给予应急通信支持。

在资金管理模式上，采用集中式管理的方法，一般都是由国家赋予国有主导电信运营企业承担。企业按照国家的要求进行建设和保障，而大量的科研和应用费用，要由国家国防部门统一调配、安排和列支。美国的应急通信主要用于政府的调配保障，企业很少进行经营性的活动，主要用于对外战争（如海湾战争）、情报收集和联络、对内局势的控制以及应付各种突发事件和各种自然灾害等。由此可看出，美国的应急通信已是一套横纵交叉、职能健全、制度明确的完善的管理机制。

（三）美国的应急通信的实际应用

美国在应对"9·11"事件中采用了两个层次的应急通信，美国战略最高当局的应急通信和事故现场的应急通信。

1. 美国战略最高当局的应急通信

当事件发生但情况不明时，立即启动"国家安全应急准备计划（NSEP）"。美国政府早在 20 世纪 90 年代初就推行主要是应付自然灾害的国家安全应急准备计划。该计划主要有四大组成部分，分别是：

（1）商用网络抗毁性（CNS）计划：重建陆地公用交换网（PSN）受破坏部分的计划，用以增强 NSEP 用户到 PSN 的陆地出入口。

（2）商用卫星通信互联（CSI）计划：利用商用 C 波段卫星的互联，在重要交换节点之间提供替补路由，构建远程公用网。

（3）政府应急电信服务（GETS）计划：在灾害或核攻击发生时，利用商用 PSN 的资产，为联邦各部委和部门之间提供语音和低速数据的连接服务。

（4）通信优先服务（TSP）计划：为应急通信建立有关优先权的控制管理和操作框架，保证重要用户优先使用系统、优先恢复系统等的特权。

NSEP 计划是要在通信系统中嵌入应急容灾功能。这在全国的"未来电信系统"（FTS2000），在国防部的传输网"国防信息系统网"（DISN）、全国的"个人通信系统"（PCS）、全国卫星通信（SATCOM）、陆地移动卫星服务（LMSS）、南卡多莱纳州的应急系统中都得到了体现。

当明确是恐怖事件后，就采用"反恐怖袭击应急计划"。支持这两个计划的通信手段是国家最低应急通信系统。

2. 事故现场的应急通信

"9·11"的事故现场应急通信主要包括以下几方面：

（1）公网阻塞情况下，利用因特网。在无需新号码分配下，迅速恢复了电话通信服务，取得了明显的效果。

（2）充分发挥了因特网在灾难信息发布和面向公众宣传方面的突出作用。

（3）利用宽带无线接入系统实现了各种建筑与城市网络的互联，从而使许多市政机构及商业部门及时地恢复了数据通信业务。

（4）利用卫星通信的优点，在应急通信中发挥了重要的作用。

（5）业余无线电爱好者以及他们拥有的装备是应急通信中不可或缺的力量。

（四）美国联邦应急管理信息系统（FEMIS）

美国联邦应急管理局通过实施"e-FEMA"战略，建立了应急信息系统层次结构模型，不仅使各类应急信息系统的信息资源能得到及时更新，还能促进不同系统之间的信息资源共享，为应急决策过程提供技术支持。

（五）美国紧急报警系统与全灾难报警

1. 紧急报警系统

美国的紧急报警系统（Emergency Alert System，EAS）建立于 1994 年 11 月。这个紧急报警系统与数千个广播电（视）台、有线电视系统以及卫星公司相连，可以在全国紧急状况下向公众发送信息。

2. 琥珀报警系统

琥珀报警系统是利用电子邮件和因特网报警的系统，琥珀报警的信息先传到 Web 站点，然后重新构造成适应不同传媒的信息，包括手机、文件、电子邮件、路标、电视新闻网和紧急事项交流中心。

3. 全灾难报警

EAS 技术被国家海洋和大气局气象电台（NWR）整合进 NWR 全灾难网络中。作为广泛使用的公共警报系统，NWR 播报国家气象服务预报和自然、人为所引起的全灾难报警。NWR 采用了与 EAS 相兼容的信号，这使媒体所用的 EAS 设备能自动接收和识别 NWR 的信息。

（六）美国应急通信技术及系统建设现状

在突发公共事件或紧急情况下，政府与政府之间、政府与公众之间、个人用户之间以及应急现场的指挥、调度、协调都离不开应急通信保障能力，突发事件处理和应急管理经验表明，应急通信技术及系统已成为突发事件及紧急情况处置的核心支撑力量，其完善程度直接影响到应急响应的效果和效率。北美地区的应急通信技术和系统主要包括卫星通信系统、基于公用电信网的应急通信系统、集群应急通信系统以及军事通信系统。

1. 卫星通信系统

卫星由于其不受地理环境限制、覆盖范围广、无线连接等优势，成为紧急情况下通信保障的重要手段。美国的卫星通信技术非常发达，美国截至 2006 年年底就发射了 18 颗卫星，其中很大一批目前还在服役，这为北美地区紧急情况下的通信保障提供了强大的技术支持。在紧急情况下，通信卫星、广播卫星、导航卫星和遥感成像卫星等都能够发挥重要的应急通信作用。例如通信卫星可以在紧急情况下为广大用户提供语音、数据、视频等多媒体服务；广播卫星可帮助政府开展预警信息颁布、灾情信息发布、安抚受灾群众等工作；导航卫星可帮助地面救援队伍和受灾用户进行准确定位，提高救援效率；遥感成像卫星可对受灾地区实时监控，获取受灾地区的图像，了解灾情。比较知名的卫星系统有铱星通信系统、全球定位系统（GPS）、全球星通信系统、快鸟遥感成像卫星系统等。

1）铱星通信系统

Motorola 公司在 1987 年提出铱星通信系统的构想并于 1992 年成立铱星公司，于 1998 年 11 月开始商业运营。它是最早提出并被人们所了解的低轨道卫星系统。该系统实现了全球覆盖，并应用了卫星上数据处理和交换、多点波束天线、星际链路等先进技术，利用关口站实现了卫星通信网和地面蜂窝移动网之间的互通，从而为用户提供了全球化通信能力。由于铱星系统市场定位不够准确，用户拓展缓慢，2000 年 3 月铱星公司宣布破产，2001 年新的铱星公司成立。新铱星公司调整了其市场定位，将目标瞄准地面蜂窝移动难以覆盖的野外或偏远地区工作人群，以及政府、军队、能源、林矿等重要工业领域。同时，新铱星公司不断扩大铱星通信系统的业务能力，将数据业务、短消息业务纳入铱星通信系统的业务范围，并降低了资费水平和终端售价，这些措施取得了良好的效果，铱星通信系统得以起死回生。目前，由于铱星通信系统全球覆盖和信息保密等特点，该系统得到政府快速反应部门、抢险救灾、指挥调度、军队、海事、航空、政府机构，以及能源、科考、林业、矿业等野外工作用户的青睐，在应急现场、偏远地区以及登山、南极科考活动中都获得了应用。

2）GPS

美国全球定位系统（Global Positioning System，GPS）是 20 世纪 70 年代美苏军备竞赛的产物，自 1978 年第一颗 GPS 卫星发射以来，经过 20 多年的发展已经成为目前全球应用最广的卫星定位系统。GPS 主要包括空间、地面控制和用户设备 3 个组成部分，具有高精度、全天候、全球覆盖、定位迅速、操作简便等特点，应用主要包括人员导航、车辆导航、应急指挥调度、应急救援导航、地理信息系统、城市规划、建筑测量、远程测量、变形监测、地壳运动监测等地面应用，船舶导航、航线测定、船只实时调度与定位、海洋救援、水文测量、海洋勘探平台定位、海平面升降监测等海洋应用，以及飞机导航、低轨卫星定轨、低空飞行器导航和定位、航空遥感姿态控制、导弹制导、航空救援和载人航天器防护探测等空中应用。

GPS 在全球范围内得到了大规模应用，GPS 相关的技术和应用已经形成了规模庞大的产业群体，GPS 融入了国防、灾难预防与管理、应急救援、日常生活等各个领域。随着人们对高科技产品需求的不断增加，GPS 的应用前景将更加广阔，其带动的产业规模也将继续扩大。

3）全球星通信系统

全球星（Globalstar）通信系统是由美国劳拉（Loral）公司和高通（Qualcomm）公司倡导发起的低轨道卫星移动通信系统，1999 年开始商业运营。全球星通信系统在经营过程中也是历经坎坷，经历了建设、破产、重建、恢复过程，2004 年全球星公司被 Therm 投资公司收购后，公司开始调整战略定位，通过提供新产品、发展新业务、完善系统服务能力和质量、降低资费、发展合作伙伴等一系列措施，业务得到迅速改观和发展。

目前，由于全球星通信系统灵活的终端形式、与公用电信网的互通以及较低的使用费用，在政府专网、军事、紧急救援、灾害应急、石油、煤气、矿业、林业、交通运输和偏远地区得到了很好的应用。经过公司重建和业务定位的全面调整，全球星通信系统已经成功在全球范围内发展了大量合作伙伴，分布在欧洲、亚洲、美洲等数十个国家和地区。

4）快鸟遥感成像卫星

快鸟遥感成像卫星是美国数字地球公司（原地球观测公司，2001 年变更公司名称）于 2001 年 10 月发射的遥感成像卫星，快鸟遥感成像卫星重约 953kg，最初设计一运行轨道高度为 600km，后来为提高卫星图像分辨率，将卫星轨道降至 450km。快鸟遥感成像卫星成功地用于全球商用成像领域，在地图测绘、测量、城市规划、区域观测、灾害区域成像、应急指挥信息获取、环境保护等方面得到广泛应用。

2. 基于公用电信网的应急通信

公用电信网是目前用户最多、影响最大也是广大公众最容易获得的通信方式，因此在突发事件或灾害处置中，基于公用电信网的应急通信能力保障尤为重要。在公用电信网没有遭到破坏的情况下，它是政府与政府、政府与公众以及公众与公众之间实现应急通信的最有效手段。因此，北美各国都非常重视基于公用电信网的应急通信系统的建设，例如美国覆盖用户最广的应急通信系统就是911电话报警系统，同时为保证紧急情况下特殊用户的通信能力，美国政府还推出了美国政府应急电信服务（Government Emergency Telecommunications Service，GETS）、无线优先服务（Wireless Priority Service，WPS）业务等计划。

1）911电话报警系统

911电话报警系统是覆盖全美的紧急救助服务系统，它整合了警察、消防、医疗救助、交通事故处理和自然灾害抢险等多方面职能，并通过911电话报警系统实现多部门的联合行动。在需要的情况下，该系统可以同时协调警察、消防和医疗等部门，提高紧急救援的效率。1999年，美国国会通过《无线通信与公共安全法案》，正式承认911电话报警系统的指挥中枢地位。911电话报警系统的运行方式灵活多样，一般大型城市采用"统一接警，分类处警"方式，而中小型城市采用"统一接处警"方式，目前，美国有2.2万多个911电话报警系统中心。以芝加哥911指挥中心为例，该中心是美国最先进的911电话报警系统之一，建于1995年，指挥中心集中了芝加哥市消防、公共卫生、警察和政府综合行政管理等4个系统的专职工作人员，负责为应急指挥调度提供综合通信网络，通过指挥中心实现报警、快速应答、缩短调度时间，并实现现场信息共享等。

当前，911电话报警系统服务覆盖了98%左右的美国国土，每年有超过2亿次的911呼叫，并形成了一套较为完善的工作运行机制。随着通信技术的发展，911电话报警系统的技术能力也在不断完善，美国很多地区的911电话报警系统通过与"地理信息系统""无线定位"等技术结合，可提供呼叫者的姓名与位置信息，在处置各类突发事件、救助民众、打击犯罪等方面发挥着重要作用。

另外，加拿大作为北美地区的另外一个主要发达国家，也建立了覆盖全国的911电话报警中心，由警察机构负责管理，各地方紧急事件管理中心都与

911电话报警中心相通。同时，加拿大政府为保证紧急管理队伍的稳定和高素质，建立了公务员编制的专业应急救援队伍，救援人员涉及消防、通信、建筑物倒塌救援、狭窄空间救援、高空救援及生化救援等多个专业。除911电话报警中心外，美国于2008年4月由联邦通信委员会（FCC）批准了"手机短信应急预警系统"计划，计划在全国建设通过手机短信进行预警的系统。这项计划规定预警短信分为3种内容：一种是总统发布的全国警报，涉及恐怖袭击或重大自然灾害事件；第二种是针对可能发生的威胁，包括诸如飓风和龙卷风等自然灾害或校园枪击事件；第三种是有关绑架儿童的紧急事件。

2）美国政府应急电信业务计划

美国政府应急电信服务（GETS）是由白宫直接指挥的应急电话服务，是在现有公用电信技术基础上的加强技术和管理机制。GETS可提供清晰语音、安全语音、传真和低速数据等服务，可在发生突发事件、灾害应急处理或爆发战争时，确保授权用户使用普通电话终端（如固定电话、传真机、手机等）实现紧急通信。GETS只针对授权用户提供服务，通过个人识别码进行接入认证，利用公用电信网和部分政府网络实现可选路由、优先级服务和其他增强服务等功能，满足政府部门、应急响应部门和其他授权用户的通信需要，为国家安全和紧急待命计划（NSEP）提供紧急接入与优先处理能力。

3. 集群应急通信系统

集群通信系统作为专用网络，其网络覆盖范围要小于卫星通信网和公用电信网，但集群通信系统具有组网灵活、响应速度快、群组通话方便等特点和优势，非常适用于紧急情况下的应急指挥调度、抢险救灾等工作。

在美国应用最广泛的集群通信标准是集成数字增强型网络（Integrated Digital Enhanced Network，IDEN），它是美国Motorola公司的产品。IDEN在初期由于成本过高影响到用户发展和网络建设，Motorola公司通过降低交换机价格、不断升级软件版本增强其业务提供能力以及准确的市场定位和业务特种差异化，IDEN系统在美国得以迅速发展，其中美国Nextel公司在数字集群应用上最具代表性，Nextel公司通过即按即说（PTT）、数字蜂窝、文本消息和数据等业务组合获得了大量用户，其所运营的IDEN是目前最大、发展最完善的IDEN。2003年第3季度，Nextel公司实现了IDEN全美覆盖，获得了企业用户、政府、警察、指挥调度、应急救援等部门和机构的青睐。目前，IDEN在全球范围内得到了广泛应用，覆盖的区域遍及亚洲的日本、韩国、菲律宾、新加坡、以色列和关岛地区以及南北美洲的美国、加拿大、墨西哥、哥伦比亚、巴西、阿根廷和秘鲁等国家，全球 IDEN 用户已近 3000 万。

在北美地区，除 IDEN 系统外，还有美国 APC025 和加拿大数字综合移动无线电系统（DIMRS）等数字集群标准，这些标准在特定领域都具有一定的市场。

4. 军事通信系统

从目前世界各国军事通信系统建设情况看，美国的军事通信系统配置最完整、技术最先进，涵盖了空间、陆地、海上多个空间维度，使用了高、中、低不同的频率范围，形成了能够满足陆、海、空不同兵种通信需要的先进专用通信系统。这些军事通信系统在紧急情况或战备情况下，可以支撑军队作出快速应急反应，并为相关政府部门提供应急通信支持。为满足军方日常管理和协调调动需要，美军建立了"国防通信系统"，系统由"自动电话网""自动数字网""自动保密电话网"组成，主要用于保障美国总统同国防部长、参谋长联席会议、情报机关、战略专业队伍的通信联络，保障国防部长与各联合司令部和特种司令部的通信联络。此外，还为固定基地、陆、海、空军机动专业队伍提供中枢通信网络。为了加强水下潜艇，特别是核潜艇的指挥控制能力，美国海军从 20 世纪 60 年代中期开始，建设 TACAMO（音译：塔卡木）机载甚低频对潜通信系统。该系统经过不断改进，逐渐发展成为美国军方对潜指挥调度的核心抗毁通信系统。该系统具有机动灵活、不易受到打击的特点，可以在战争发生时作为应急通信手段以确保军队指挥部门与潜艇专业队伍的通信和联络，从而保证战略潜艇专业队伍的战斗力和威慑力。

另外，在卫星通信方面，美国军方建设了覆盖广、能力强大的卫星通信系统，如 MU-OS、UFO、MILSTAR、AEHF、DSC5、GBS 等。

二、欧洲应急通信概况

欧洲整体经济水平非常发达，科技、工业、商业、金融等在世界经济中占据着重要地位。在其强有力的经济实力支持下，欧洲应急通信系统的发展水平也非常先进，在卫星通信系统、基于公用电信网的应急通信机制和设施、集群应急通信系统以及军事通信设施建设方面都取得了很好的成绩。

1. 卫星通信系统

欧洲卫星通信技术的发展和系统建设虽然与美国相比还有一定差距，但也处于国际领先地位。欧洲各国独立或合作建设了很多高性能的卫星通信系统，这些系统在紧急情况下可以提供如预警、灾情卫星广播、指挥调度通信、抢险救援导航定位、获取灾情遥感卫星图像等能力，其中如 Hot Bird、伽利略、SkyBridge、SPOT 遥感成像等卫星系统为广大用户所熟知。

1）Hot Bird 直播通信卫星系列

欧洲通信卫星公司的 Hot Bird 直播通信卫星系列可以为欧洲地区提供卫星电视直播和宽带通信业务。Hot Bird 直播通信卫星的在轨位置随着业务发展需要不断调整，将进一步扩大卫星容量，为目前欧洲、中东及北美地区约 1 亿多的电视家庭传输近 1000 多个电视频道和 600 多个广播频道。借助 Hot Bird 直播通信卫星系列强大的电视广播能力，在紧急情况下，Hot Bird 卫星系列可以实现对灾害预警信息、灾情信息和政府公告等消息的广播颁布，帮助政府或救援机构实现在紧急情况下对广大公众的宣传、安抚、指导、告知等大范围信息颁布能力。

2）伽利略全球导航卫星系统

欧洲近年来一直致力于发展欧洲导航卫星系统，并于 1999 年 6 月由欧盟部长委员会公布了伽利略（Galileo）全球导航卫星系统项目。伽利略全球导航卫星系统建设完成后，将为用户提供高精度的导航、定位信息，在抢险救灾、指挥调度、海洋救援、公路、铁路、海事、民航等专业领域都将有广阔的应用前景。

3）SkyBridge 通信卫星系统

SkyBridge 是法国阿尔卡特公司发起的低轨道卫星移动通信系统，美国 Loral 公司、日本东芝公司、三菱公司、夏普公司及加拿大和法国的其他几家公司也参与其中。SkyBridge 通信卫星系统在宽带接入方面具有优势，可在全球除两极外的大部分地区实现高速互联网接入、电视会议等业务。这些音频、视频和数据通信能力将有效地支持用户在紧急情况下的应急通信能力，为灾害或突发事件的指挥、调度、救援提供帮助。

4）SPOT 遥感成像卫星系统

法国是欧盟国家中太空系统投入最多的国家，除卫星通信系统外，还建设了多个侦查、对地观测卫星系统，如"太阳神"光学侦察卫星系统、"蜂群（ESSAIM）"空中卫星监听网、"格拉维斯"（Graves）太空监视系统等。这些系统中最著名的应属法国空间研究中心（CNES）研制的"斯波特（SPOT）军民两用地球卫星观测系统"。SPOT 卫星系列可获取覆盖区域的高精度立体或平面图像以及部分气候相关信息，可以在紧急情况下实现灾害或突发事件地区的灾情信息获取，为指挥救援等工作提供高质量的图像信息，帮助指挥人员和救援人员直观地了解现场情况。目前，SPOT 卫星已经在农业、国防、环境保护、应急管理、林业、地质勘探、测绘、城市规划、灾害监测等方面得到了广泛的应用。

2. 基于公用电信网的应急通信

欧洲国家很早就开始建设基于公用电信网的应急通信系统，早在 1937 年，英国开始使用 999 作为紧急情况报警号码，用户呼叫 999 号码后，电信接线员可以通过操作台上的声光提示识别报警类别，进而可以及时接听紧急呼叫，并将其转接给警察部门、消防或急救中心等应急机构。可以说，英国 999 报警系统是世界上最早利用公用电信网实现紧急情况下应急报警系统之一。随后，很多国家都开始进行应急报警系统的建设，例如，比利时以 101 和 110 分别作为医疗救助、警察部门的报警电话；瑞典以 117 和 118 分别作为警察、消防部门的报警电话；法国以 15、17、18 分别作为紧急医疗救助、警察和消防部门的报警号码。德国、意大利等欧洲发达国家也都建立了基于公用电信网的城市应急通信系统，为公众提供特定的报警号码，以方便市民的报警和求助，应急中心接到报警信息后根据实际情况调动警察、消防、医疗等部门进行快速反应处理。

近年来，为满足公众不断提高的社会服务需求，基于公用电信网的应急报警系统不断整合并完善功能，逐步向应急联动系统方向发展。欧洲目前正逐步建立并完善适用于全欧洲范围的"112"应急联动系统。从 20 世纪 90 年代中期开始，"112"应急联动系统陆续在一些欧盟成员国投入使用，帮助公众实现报警或请求各种紧急救护，目前欧盟成员国基本都已建成"112"应急联动系统。为加快"112"应急联动系统的应用，20 世纪 90 年代以后，欧盟陆续颁布了十余项法律、法规，如"91–396 号决定""97–66 号指令""98–10 号指令"等，通过法律的强制约束力要求各成员国按期推动"112"应急联动系统的应用。同时，欧盟对"112"应急联动系统采用开放、多技术融合的技术实现方案，以方便欧盟成员国原有应急通信系统的有效接入，并利用各种先进技术如固定 / 移动通信、GPS、专业移动收音机等为公众提供可靠、安全的服务，部分成员国甚至建立了专为聋哑人报警的公共平台，"112"应急联动系统逐渐得到欧洲公众的认可。在突发事件发生时，公用电信网除了为公众提供报警通信外，欧洲主要城市在利用公用电信网实现应急通信方面也制定了相应的机制和策略。以英国伦敦为例，在"7·7"恐怖主义事件中，伦敦政府启动了"访问过载控制（ACCOLC）"机制，该机制是英国政府为应对突发公共事件情况而制定的临时性通信管制措施。该措施将对特定区域的公众用户通信进行限制或关闭，以确保关键部门通信畅通，由于该机制启动后会影响公众用户在该区域的正常通信，因此只有在不得已的情况下才会启动，在"7·7"恐怖主义事件后，这个机制受到了广大公众和媒体的严重质疑。另外，伦敦市也在尝试推广一些新的应急通信服务，如在特定情况下，重要用户（如政府、军队、金融等部门）发生通信中断，运营商可以通过调用用户附近的交换局备用端口和备用线路，在规定时间内帮助特定用户快速恢复通信，从而保证重要部门和用户在突发事件等情况下的通信畅通。

3. 集群应急通信系统

TETRA（Trans European Trunked Radio，全欧集群无线电）是欧洲最具代表性并且应用最广泛的数字集群标准，由欧洲电信标准协会（ETSI）于 1995 年正式公布。TETRA 系统最初是针对欧洲公共安全的需求而设计开发的，非常适用于特殊部门（如政府、军队、警察、消防、应急救援、突发事件管理等机构）的现场指挥调度活动。目前，TETRA 系统被欧洲国家广泛采用，同时在美国、俄罗斯、中国、日本、澳大利亚、新西兰和新加坡等众多国家得到应用。目前，TETRA 市场的行业分布主要包括公共安全、交通、公用事业、政府、军事、石油、工业用户等。其中，公共安全和交通占市场份额的一半以上，是 TETRA 的主要应用市场。欧洲有很多国际化公司陆续推出了 TETRA 产品，如法国 EADS 公司的 TETRA 系统、意大利 SELEX 公司的 Elettra 系统、德国 A/S 公司的 Accessnet 系统、德国 Siemens 公司的 Accessnet 系统、荷兰 Rohill 公司的 TETRA-Node 系统、西班牙 Tettronic 公司的 Nebula 系统等。在全球其他国家和地区，还有着更大规模的 TETRA 产业群，TETRA 系统已经形成了规模庞大的产业链和产业群体。

4. 军用卫星通信系统

在欧洲，除民用的卫星通信系统外，也建设了一系列军用卫星通信系统，这些系统服务于军队的日常通信和紧急协调，同时也是政府相关机构紧急情况下通信保障的重要补充手段。英国天网（Skynet）卫星系列、法国锡拉库斯（SYRACUSE）卫星系列都是其中具有代表性的卫星系统。

英国"天网"卫星系统从20世纪60年代开始建设，目前已经发展了5代。第5代天网卫星系统采用Eurostar E3000平台制造，具有极强的定位、抗干扰和抗窃听能力，可极大提高英国陆海空三军指挥系统的通信容量和速度，为英国军队、政府、防务组织提供高可靠性的数据通信、视频会议以及其他通信服务。

法国锡拉库斯通信卫星系统已顺利发展了3代，前两代为军民两用系统，第3代为军事专用卫星通信系统，具有频带宽大、抗干扰、抗核辐射、技术先进等特点，可为法国政府、军队以及北大西洋公约组织（NATO）成员国之间提供安全高效的语音、数据、视频、宽带互联网等通信服务，能够有效增强各部门之间的组织、沟通和协同作战能力。据法国国防部宣称，第3代锡拉库斯通信卫星系统可满足法国和欧盟相关部门未来10年的需求。

三、日本应急通信概况

（一）日本的应急通信管理

由于日本历史上台风、地震、火山爆发等自然灾害频发，日本对应急通信技术发展和系统建设非常重视，国民的生存忧患意识和政府的危机管理意识也相对较强。其政府危机管理体制的构建，也是一个历史的动态过程，是随着危机事件的频繁出现而逐渐完善起来的。

日本政府吸取阪神大地震由于通信信息传递不畅而导致巨大损失的沉痛教训，在通信设施方面不断加大资金和高新技术的投入。由于日本通信业早已实现政企分离，在邮政省（日本通信业的主管部门）的指导监督下，日本主要基础电信运营企业NTT公司等已建成覆盖全国的应急通信网络基础设施。目前，日本已分别建立了以政府各职能部门为主，由固定通信线路（包括影像传递线路）、卫星通信线路和移动通信线路组成的"中央防灾无线网"；以全国消防机构为主的"消防防灾无线网"；以自治体防灾机构或当地居民为主的都道县府及市村町的"防灾行政无线网"。实践证明，这种由高科技支撑的危机对策专用无线通信网络，在观测灾情、收集传递灾害信息、把握受灾状况、有效应对危机和进行危机处置时的通信指挥等方面发挥了重要作用。日本与美国一样将应急通信作为公网通信的重要补充形式来建设和管理。在管理模式上，都采用集中式管理的方法，一般都是由国家赋予国有主导电信运营企业承担。企业按照国家的要求进行建设和保障，而大量的科研和应用费用，要由国家国防部门统一调配、安排和列支。紧急情况下为配合国家的重要行动，由国家财政赋予使命，企业承担运作。在东京大地震救灾工作中，应急通信保障就较好地发挥了作用。

（二）日本在应急通信技术和系统建设

在不断总结经验教训的基础上，日本已经建立了非常完善的地面应急通信专网，并投入了大量人力和物力，开发基于公用电信网的应急通信能力。同时，近年来日本不断突破第二次世界大战后对其航天工业领域的限制，正在不断加强卫星通信网络的建设，整体来说，日本在应急通信技术发展和系统建设方面处于世界前沿。

1. 卫星通信系统

1）MBSAT 系统

移动广播卫星（MBSAT）系统是由日本的移动广播（Mobile Broadcasting, MBCO）公司和韩国的 TU Media 公司于 2004 年合作发射的，MBSAT 波束覆盖日本和韩国，可直接向地面接收机传送高质量的语音、数据和图像等多媒体信息，为用户提供 60 多套音频和 10 套视频节目。由于 MBSAT 系统的广播电视直播能力、丰富的便携终端形式以及相对低廉的资费标准，MBSAT 系统受到广大用户的青睐。在紧急情况下，该系统可以向位于家中、汽车、火车、海上的用户以及个人手持终端用户及时地颁布预警信息，并在灾害发生后颁布灾情和政府的指导、安抚消息。

2）KIZUNA 宽带多媒体通信卫星系统

2008 年 2 月 23 日，日本"KIZUNA"宽带多媒体通信卫星系统被 H2A 火箭送入太空,该系统由日本宇航局和国家信息及通信技术研究所共同开发,三菱重工公司制造。"KIZUNA"系统由宽带多媒体通信卫星平台、地面控制设施和各用户接收设备 3 部分组成。"KIZUNA"卫星系统所提供的高速数据传输能力可以应用于远程医疗、远程教学、紧急救援、灾害中的应急通信等领域。

2. 基于公用电信网的应急通信

在突发性事件或灾害情况下,公众通信需求将大幅增加,话务量往往会超过电信网络的设计容量,很容易造成通信网络拥塞。另外,很多自然灾害或突发事件会造成部分公用电信网设施(如基站、光缆、机房等)损坏,同样也会造成通信网络瘫痪或不可用。因此,为保证在紧急情况下能够最大程度利用公用电信网设施实现应急通信,日本采取了一系列措施,并投入大量人力物力,加强开展对基于公用电信网设施的应急通信能力的研究。在这方面,日本积累了丰富的经验,并在不断探索新的通信保障机制中取得了一些成果。

日本研究人员认为,在突发事件或灾害发生时,保障政府、救援机构和指挥调度系统的通信畅通是第一要务,在此前提下,如果公用电信网拥塞或部分受损,可通过限制普通用户通话时长或关闭通话的方式,为重要用户节省出足够的带宽和容量,保证重要用户在应急响应和处置中的通信需求。对普通用户,日本政府建议普通用户在紧急情况下使用手机短信通信或缩短通话时间,并鼓励公众用户利用互联网传递信息,通过这种机制,减少突发事件或灾难发生情况下的通信网络拥塞情况,也最大程度上保证了公众用户传递基本消息的需求。

另外,日本研究机构还推出了一种多路接入系统,该系统可在突发事件或灾害情况下,帮助各运营商共享通信基站资源,进而实现在紧急情况下跨运营商通信资源的统一协调和调度,最大限度地利用现有网络资源,保证更多用户的通信需求。

除上述公用电信网应急通信保障基本措施外,日本政府还努力推行新技术、新方法的应用,从而加强突发事件应急通信能力的建设,部分措施介绍如下:

1)手机定位和手机邮件的应用

自 2008 年 4 月以来,日本应急管理部门要求在日本出售的所有手机必须内置 GPS 功能,以确保在灾难发生时的准确定位。另外,日本还充分利用手机邮件功能在紧急情况下的应用，并开发了紧急情况下的用户邮件收集分析系统，当灾难或突发事件发生时，通过该系统获取用户手机邮件信息并进行信息处理，帮助指挥、救援人员实行信息获取功能。

2）移动式无线应急基站的应用

在灾难发生时，受灾区域的通信设施容易受损、网络容易拥塞，影响到救援机构和公众用户的有效通信。为解决此问题，日本开发了一种移动式无线应急基站，该基站可通过摩托车运载并充电，在应急现场可代替受损基站工作，避免通信中断，也可以通过该基站扩充网络容量，减少网络拥塞情况的发生。另外，日本还建立了基于直升机平台的应急通信系统，由于直升机飞行速度快、航行距离远，且不受地形、地貌环境的限制，可以随时到达地面或海洋的任何航距范围内的任何地方，因此，通过直升机搭载通信设备，如基站设施，可以实现更广泛区域、更复杂环境下的应急通信保障工作。

3）广播通信方式在应急通信中的应用

广播通信方式具有覆盖范围广、不占用公用电信网络资源的特点，是紧急突发事件中获取预警信息、灾区信息以及相关指导安抚信息的有效手段。日本政府积极推广个人便携式收音机和手机内嵌式收音机，并增强其功能使这些收音机具有自动激活功能，在突发事件发生时，紧急广播信号能够自动触发收音机或手机的内嵌式收音机设备并开始播报紧急广播消息。

4）留言电话功能在应急通信中的应用

电信运营商可以通过开设"灾害专用留言电话"功能，帮助其他用户获得受灾用户的信息。例如，受灾用户通过拨打171号码并留言说明自己的情况，当亲人、朋友希望知道该用户情况时，可以通过拨打171号码并输入该受灾用户的电话号码，"灾害专用留言电话"平台将自动播放受灾用户的留言。

5）无线射频技术的应用

无线射频技术在日本应急防灾工作中得到了较好的应用，例如在避难场所设置无线射频识别标签，紧急情况下民众可以通过便携装置有效识别安全的避难场所位置。日本通过大力推行在手机中内置无线射频识别标签的方式，确保在灾后救援中能够实现快速搜救和身份识别。

6）互联网在应急通信中的应用

日本根据互联网覆盖广、带宽大、消息传递快捷的特点，积极推动互联网在灾害警报颁布方面的应用。如针对地震、海啸等灾害，日本利用互联网技术实现灾害信息的快速广播。同时，日本积极推动家庭网络与灾害报警系统关联机制，在地震等灾害发生时，广播告警信息可直接关闭用户家庭网络中部分危险源，如天然气、电器等设施，避免火灾等并发灾害的发生。

3.专用应急通信网络和系统

日本在应急通信专用网络建设方面，积累了丰富的经验并取得了丰硕的成果，目前，已建立了"中央防灾无线网""消防防灾无线网""防灾行政无线网"等应急通信网络，已形成完整的应急防灾通信体系。

（1）"中央防灾无线网"由固定通信线路、卫星通信线路、移动通信线路3部分组成，灾害发生后，如果公用电信网发生损坏或拥塞，可通过中央防灾无线网保障政府各应急部门和相关机构实现应急指挥、协调和调度。

（2）"消防防灾无线网"是连接全国消防机构和都道府县的无线网络，包括地面系统和卫星系统两部分，利用该网络可向全国都道府县通报灾情，同时也利用该网收集与传达灾害信息。

（3）"防灾行政无线网"分为都道府县和市盯村两级，用于保障都道府县和市盯村与防灾部门之间的通信。目前市盯村级的防灾行政无线网已延伸到街区一级，通过这一系统，日本政府可以把灾情信息及时传递给家庭、学校、医院等机构，成为灾害发生时重要的通信渠道和手段。

（4）"防灾相互通信网"是为解决大规模自然灾害应急现场通信问题而建立的，该系统帮助警察署、海上保安厅、国土交通厅、消防厅等各防灾应急机构实现相互通信，实现信息共享，提高救援和指挥的工作效率。目前，这一系统已被引至日本的各个地方公共团体、电力公司、铁路公司等。

（5）另外，日本针对不同专业或部门的需求，建设了多个专用通信网络如水防通信网、警用通信网、防卫通信网、海上保安通信网以及气象专用通信网等。

日本近年来逐渐突破第二次世界大战后日本军事发展相关协议，开始推动军事侦察卫星的发展，自2003年至2007年，日本先后发射4颗军事侦察卫星，其中两颗为1m分辨率的光学成像侦察卫星，另两颗为1~3m分辨率的合成孔径雷达成像侦察卫星，具有全天时、全天候、全球范围的侦察能力。这些卫星以全球范围的侦查和监视为主要目的，但在紧急突发事件情况下也可为应急指挥部门提供灾害现场的高空图像信息。

第二节 我国应急通信概况

一、我国应急通信法规及相应机构建设

我国地域辽阔、人口众多，自然灾害频发，突发事件形式多样，为有效开展应急管理和救援，颁布了一系列法律、法规，应急管理的法律体系正逐步走向完善。

2005 年 4 月 17 日国务院以国发〔2005〕第 11 号文出台了《国务院关于实施国家突发公共事件总体应急预案的决定》，其中公布了《国家突出公共事件总体应急预案》，明确了突发性公共事件是指突然发生，造成或者可能造成重大人员伤亡、财产损失、生态环境破坏和严重社会危害，危及公共安全的紧急事件。是全国应急预案体系的总纲，明确国务院是突发公共事件应急管理工作的最高行政领导机构，并设国务院应急管理办公室为其办事机构。进一步强化了建设城市应急综合信息系统的迫切性要求。从此，我国的城市应急平台的建设进入实质阶段。

2006 年国务院发布了《国家突发公共事件总体应急预案》。根据国家规定，国务院和各省已分别成立国家和省政府应急管理办公室，部分市也已建立了地方应急管理常设机构。从 2006 年开始，国家计划在未来 3~5 年时间内，在全国主要县级以上的城市推行城市应急联动与社会综合服务系统，从中央到地方一整套统一、协调、高效、规范的突发事件应急机制正在建立之中。2006 年 6 月 15 日出台的《国务院关于全面加强应急管理工作的意见》把"推进国家应急平台体系建设"列为"加强应对突发公共事件的能力建设"的首要工作，明确指出"加快国务院应急平台建设，完善有关专业应急平台功能，推进地方人民政府综合应急平台建设，形成连接各地区和各专业应急指挥机构、统一高效的应急平台体系"。应急平台建设成为应急管理的一项重要基础性工作。

2006 年 1 月 24 日原信息产业部出台了《国家通信保障应急预案》，明确

了应急通信任务是通信保障或通信恢复工作；应急通信主要服务对象是特大通信事故，特别重大自然灾害、事故灾难、突发公共卫生事件，突发社会安全事件；党中央、国务院交办的重要通信保障任务。该预案明确了原信息产业部（现为工业和信息化部）设立国家通信保障应急领导小组，下设国家通信保障应急工作办公室，负责组织、协调相关省（区、市）通信管理局和基础电信运营企业通信保障应急管理机构，进行重大突发事件的通信保障和通信恢复应急工作。

业界对于应急通信有以下几种典型的描述：

《中华人民共和国突发事件应对法》中的第三十三条：国家建立健全应急通信保障体系，完善公用通信网，建立有线与无线相结合、基础电信网络与机动通信系统相配套的应急通信系统，确保突发事件应对工作的通信畅通。

《电信法（征求意见稿）》中的第八十四条：电信主管部门应当建立健全应急通信保障体系，建设有线与无线相结合、基础电信网络与机动通信系统相配套的应急通信系统，确保应对突发事件的通信畅通。电信主管部门对应急通信保障工作进行统一部署的协调，必要时可以调用各种公用电信设施和专用电信设施。

《国家突发公共事件总体应急预案》中的"4.9 通信保障"：建立健全应急通信、应急广播电视保障体系，完善公用通信网，建立有线和无线相结合、基础电信网络与机动通信系统相配套的应急通信系统，确保通信畅通。

二、我国应急通信系统建设

我国应急通信系统建设工作自 20 世纪 90 年代以来得到了较快发展，并在卫星通信系统、基于公用电信网的应急通信设施、集群通信系统和部分专用通信系统等方面取得了一定进展。但总体来说，由于我国应急通信系统建设起步较晚，目前现有的应急通信设施还需进一步完善，应急通信系统的能力还有一定不足。例如，目前我国虽然建设了部分具有自主产权的实用卫星通信系统，但这些系统还主要以广播通信类卫星为主，直接提供语音 / 视频通信的卫星系统还较少，在应对重大灾害或突发事件情况下，国外卫星通信设备还占据主流。另外，虽然我国各部门、各级政府纷纷建立了应急通信保障队伍和设施，但这些系统的功能还相对单一，科技含量也不是很高，其规模和能力还有待进一步加强。

（一）卫星通信系统

我国自 1970 年 4 月成功发射第一颗卫星以来，先后发射了数十颗卫星，这些卫星中一部分为应用实验卫星，另一部分为不同专业领域的专用卫星，其中广播电视直播卫星和北斗定位卫星系统是目前我国规模较大且在应急通信领域具有实际应用的卫星系统，另外，一些国际化的卫星系统如海事卫星等也在我国应急通信领域有着较好的应用。

1. ChinaSat 卫星系列

ChinaSat 卫星系列主要实现广播、电视类服务，由中国卫星通信集团公司（简称中国卫通）管理运营。"中卫 1 号"卫星可覆盖我国本土和南亚、西亚、东亚、中亚及东南亚地区，可为国内及周边国家提供通信、广播、电视及专用网卫星通信业务。中星 6B 通信卫星覆盖亚洲、太平洋及大洋洲，可传送 300 套电视节目。目前，中星 6B 承担着中央电视台，各省、市、自治区电视台、教育电视台及收费频道等 136 套电视节目和 40 套语音的广播。中星 9 号通信卫星于2008 年 6 月 9 日在西昌卫星发射升空，覆盖全国 98% 以上地区，接收天线体积小，得到广泛应用，特别是在"村村通"工程中为广大偏远山区和无电视信号地区提供了丰富多彩的电视、广播节目。

ChinaSat 卫星系列在紧急情况下可以帮助政府和救援机构颁布灾害或突发事件的预警消息、灾情信息、安抚公告等。另外，ChinaSat 卫星系列也能提供一定程度的专网通信能力。

2. 鑫诺卫星系列

鑫诺（SINOSAT）卫星系列卫星由中国航天工业总公司、原国防科工委、中国人民银行和上海市人民政府合资组成的鑫诺卫星通信有限公司运营管理，主要提供广播、电视类节目的转播。鑫诺卫星系列承担了以中央电视台为主的大量卫星电视转播任务，这些电视台覆盖面广，受众多，在紧急情况下通过鑫诺卫星可以很方便地将灾害或突发事件相关信息以及政府需要颁布的消息传达到广大公众，对灾害的应对和处理具有重大的意义。例如，在我国 2008 年汶川地震中，中国卫通通过鑫诺卫星紧急开通 4 个临时电视传输通道，为电视、广播颁布灾区信息提供了平台，鑫诺卫星在抗震救灾中发挥了重要的作用。

3. 亚太卫星系列

亚太（APSTAR）卫星系列覆盖亚洲、大洋洲、太平洋以及夏威夷地区。该系列卫星由中国卫通和中国航天科技联合控股的亚太卫星控股有限公司运营。

亚太卫星系列在紧急情况下除了可以为用户提供广播、电视信息颁布能力外，随着亚太V号和亚太Ⅵ号卫星业务的不断丰富，还可以在紧急情况下为VSAT专网、互联网骨干网、宽带接入以及移动基站链路等通信设施的应急需求提供空中接口服务，为灾害或突发事件现场的通信保障能力提供帮助。

4. 北斗卫星导航系统

北斗卫星定位系统是由我国建立的区域导航定位系统，该系统可向我国领土及周边地区用户提供定位、通信（短消息）和授时服务，已在测绘、电信、水利、交通运输、渔业、勘探、地震、森林防火和国家安全等诸多领域发挥重要作用。

北斗卫星在应急场景下可以为指挥调度、救援抢险等活动提供导航定位功能，提高应急工作效率，同时，北斗卫星的短消息业务也可以实现紧急情况下的信息沟通，例如，在汶川地震中，专业队伍和救援机构装备了大量北斗卫星终端设备，很多地区灾后第一次与外界通信就是通过北斗卫星短消息业务实现的。在交通设施破坏严重的情况下，北斗卫星导航定位功能也为救援队伍顺利抵达救灾现场提供了重要帮助。

5. 海事卫星通信系统

国际海事卫星通信系统（Inmarsat）后更名为"国际移动卫星通信系统"，是由国际移动卫星公司管理的全球第一个商用卫星移动通信系统。国际移动卫星公司现已发展为世界上唯一能为海、陆、空各行业用户提供全球化、全天候、全方位公用通信和遇险安全通信服务的机构。我国是Inmarsat1979年成立时的创始成员国之一，我国北京海事卫星地面站自1991年正式运转至今已经能够提供几乎所有Inmarsat业务。另外，北京国际海事卫星地面站也是全球海上遇险与安全系统的重要组成部分，能够接收一定距离内的海上遇险船只求救信号，是全球海上联合救援网络的重要节点。

海事卫星是集全球海上常规通信、遇险与安全通信、特殊与战备通信于一体的实用性高科技产物。到目前为止，海事卫星系统和设备在我国已经广泛地应用于政府、国防、公安、救援机构、传媒、远洋运输、民航、水利、渔业、石油勘探、应急响应、户外作业等诸多领域。例如，在汶川地震中，大量海事卫星电话被紧急调集到灾区，为灾区抢险救灾和恢复重建发挥了重要作用，尤其是在灾区公用电信网没有恢复的时期，海事卫星是当时灾区与外界沟通的最重要手段之一。

6. VSAT 卫星通信网

VSAT 是 20 世纪 80 年代中期在最先美国兴起、很快发展到全球范围的卫星应用技术。VSAT 系统在我国得到了较广泛的使用，1993 年 8 月国务院颁发 55 号文件，明确规定把国内 VSAT 卫星通信业务向社会放开经营并对此项业务实行经营许可证制度。在国家针对 VSAT 的开放政策推动下，VSAT 业务迅速发展，尤其是在 20 世纪 90 年代无线寻呼大发展期间 VSAT 作出了重要贡献。另外，VSAT 网络对保障突发事件或自然灾害情况下的应急通信也具有重要作用，例如，目前中国电信、中国联通的机动通信局都配备了 VSAT 通信设备，VSAT 设备通过"中卫 2 号"卫星转发器与全国范围的 VSAT 大网连接，实现 VSAT 网内通信能力。同时，VSAT 网络通过固定站接入公用电信网，可以实现 VSAT 网用户与公用电信网用户的互通。

由于 VSAT 本身具有的特点，VSAT 系统在偏远地区、应急救援、野外作业、企业应用等方面还是具有不可替代的优势。同时，由于公众用户对信息服务水平需求越来越高，VSAT 在电视、广播、远程教育和远程医疗、抢险救灾、应急响应、农村电话、卫星上网、视频通信等业务方面还大有可为。

（二）基于公用电信网的应急通信

我国基于公用电信网的应急通信包括机动通信局、应急联动平台建设、公网支持应急通信研究等几个方面。工业和信息化部于 20 世纪 90 年代建立了 12 个机动通信局，分别由前中国电信和中国网通进行管理，这些机动通信局通过配备与公用电信网互通的通信设备或针对特定场景的专用网络，可以方便地利用公用电信网资源优势开展应急通信服务，实现专业设备和公用电信网的优势互补，保证紧急情况下的指挥、调度和救援通信需求。这些机动通信局目前拥有包括 Ku 频段卫星通信车、C 频段车载卫星通信车、100W 单边带通信车、一点多址微波通信车、用户无线环路设备、海事卫星 A 型站、B 型站、M 型站、

24 路特高频通信车、1000 线程控交换车、900M 移动电信通信车、自适应电台等通信手段。另外，中国移动也在筹建机动通信局，建设完成后，我国三大电信运营商将全部具备专业化的应急通信保障队伍。

除针对突发公共事件或自然灾害的应急通信系统建设外，我国从 1986 年就开始建设公安 110 通信系统，为广大公众在日常工作和生活中遇到的突发事件提供报警平台，其后 122、119、120 等系统相继建成，一些城市的市政等部门也设立了热线电话服务系统，如 12345 信访热线、95598 电力呼叫中心系统、12348 法律援助热线、12319 城市建设热线、12369 环保热线等系统。但由于五花八门的报警号码和应急平台过于繁杂，重复建设现象严重，影响到报警平台的功能和服务质量，不利于政府或救援机构开展联合行动，影响到应急事件的指挥调度和救援效率。建立基于统一特服号的城市应急联动指挥系统被国家和各级政府提上了议事日程，特别是在 2003 年 SARS 事件后，城市应急联动系统的建设步伐进一步加快，整合 110、119、120、122 等指挥调度系统，实现跨部门、跨警区、跨警种的统一指挥协调，并通过应急联动平台实现突发事件情况下的资源共享。

另外，我国电信主管部门针对公用电信网覆盖广、用户多、业务形式丰富等特点，陆续出台了一系列政策措施，如核心设备备份、多节点、多路由、异地备份等容灾备份要求，并积极地开展利用公用电信网实现应急通信的研究工作，如重要用户优先通信保证机制、应急公益短消息等。

（三）集群应急通信系统

我国集群通信系统有 GoTa、GT800、TETRA 和 iDEN4 种制式。TETRA 和 iDEN 技术标准开发较早，技术较为完善，我国基于这两种制式建成了大量数字集群通信系统。GoTa、GT800 是我国自主研发的数字集群通信系统，分别由中兴和华为公司开发。经过试验推广，获得了较好的发展。

作为专业化的指挥、调度通信设施，数字集群通信系统具有体积小、组网灵活、使用方便、成本低廉等特点，可实现调度、群呼、优先呼、虚拟专用网、漫游等功能，在紧急情况下为政府、应急指挥中心、救援人员的通信保障提供最强有力的支持。我国公安、消防、城市应急联动、交通、港务等部门大量配备了集群通信系统，在大多数灾害和突发事件中都少不了集群通信系统的身影。

（四）其他应急通信系统

目前，我国还有很多专业部门如水利、电力、交通、矿业、林业等部门也建立了各自的专用通信网络，这些专用通信网大多数是以专业部门或地方机构自建、自用方式为主，且这些分散的专用系统的功能相对单一、网络规模通常不大，在较大灾害或重大突发事件情况下对外提供应急通信服务的能力还有一定不足。但总体来说，这些专用通信网为相关部门或地方机构的日常工作指挥调度、协调以及小范围的应急响应和处置提供了最基础的保障手段并发挥着重要作用。

总体来说，由于我国应急通信系统建设起步较晚，目前现有的应急通信设施还需进一步完善，应急通信系统的能力还需进一步提高。目前我国虽然建设了部分具有自主产权的实用卫星通信系统，但这些系统还主要以广播通信类卫星为主，直接提供语音/视频通信的卫星系统还较少，在应对重大灾害或突发事件情况下，国外卫星通信设备还占据主流。此外，虽然我国各部门、各级政府纷纷建立了应急通信保障队伍和设施，但这些系统的功能还相对单一，科技含量也不是很高，其规模和能力还有待进一步加强。

第三章　应急通信技术及其发展趋势

通信技术经历了从模拟到数字、从电路交换到分组交换的发展历程，而从固定通信的出现，到移动通信的普及，以及移动通信自身从 2G、3G、4G 甚至 5G 的快速发展，直至步入到无处不在的信息通信时代，都充分证明通信技术突飞猛进的发展。如今的通信技术已经从人与人之间的通信发展到物与物之间的通信。常规通信的发展使应急通信技术也取得了巨大进步。应急通信作为通信技术在紧急情况下的特殊应用，也在不断地发展，应急通信技术手段也在不断进步。出现紧急情况时，从远古时代的烽火狼烟、飞鸽传书，到电报电话、微波通信的使用，步入信息时代，应急通信手段更加先进，可以使用传感器实现自动监测和预警，使用视频通信传递现场图片，使用地理信息系统（GIS）实现准确定位，使用互联网和公用电信网实现告警和安抚，使用卫星通信实现应急指挥调度。各种不同紧急情况，会应用不同的通信技术。

应急通信技术的发展是以通信技术自身的发展为基础和前提的。常规通信发展很快，但大部分应急通信系统由于网络规模小、用户数量少、使用频度低，并且由于应急通信的公益性，网络投入并不能产生经济效益，应急通信技术手段相对落后，整体水平滞后于常规通信。

应急通信所涉及的技术体系非常庞杂，有不同的维度和体系。从网络类型看，应急通信的网络涉及固定通信网、移动通信网、互联网等公用电信网以星通信网、集群通信网等专用网络，无线传感器网络、宽带无线接入等末端网络。

专用网络在应急通信中基本用于指挥调度，例如卫星通信、微波通信、集群通信等。而公用电信网，如固定通信网、移动通信网、互联网等，基本都用于公众报警、公众之间的慰问与交流以及政府对公众的安抚与通知等。近年来，利用公用电信网支持优先呼叫成为一种新的应急通信指挥调度实现方法，公用电信网具有覆盖范围广等优点，政府应急部门可以临时调度运营商公用电信网网络资源，通过公用电信网提供应急指挥调度，保证重要用户的优先呼叫，如美国的政府应急电信业务、无线优先业务。公用电信网支持重要用户的优先呼叫，逐渐成为应急通信领域新的研究热点。

从技术角度看，应急通信不是一种全新的通信技术，而是综合利用多种通信技术，这些技术类似积木块，在不同场景下，多个技术加以组合与应用，共同满足应急通信的需求。对于各类通信技术来说，应急通信是一种特定的业务和应用。

要满足应急通信需求，需要一些关键技术，这些关键技术包括公用电信网支持应急通信、卫星通信、无线传感器网络和自组织网络、宽带无线接入、数字集群通信、定位、公共预警等。下面各节就简要介绍这其中的几类关键技术。

第一节　公用电信网应急通信技术

一、概述

公用电信网顾名思义是指为公众提供电信服务的网络，包括电话网（固定电话网、移动电话网）、互联网以及下一代网络（NGN）等。一提起公用电信网的应急通信，公众都会脱口而出 110、119、120 等特服号码，然而这些只是对公众开放的紧急呼叫服务，只是应急通信的一个组成部分，从前面章节的介绍中，我们了解到，应急通信涵盖范围非常广泛，是指在出现自然的或人为的突发性紧急情况时，综合利用各种通信资源，保障救援、紧急救助和必要通信所需的通信手段和方法。

传统的应急通信主要是借助卫星、微波、专用网络等专用应急通信系统，这些专用应急通信系统具备较强的抗毁能力，因此一直以来都是应急通信的主要技术手段。专用应急通信系统，一般不对普通大众开放，虽然具有天生的抗毁能力，但其受众面较窄，成本较高，很难实现大面积、大规模的部署。如果能够利用现有的通信资源来实现部分应急通信能力，将会有效地提高灾难发生时救援的效率。公用电信网由于其覆盖面广，目前受到了普遍关注，世界各国及各个标准化组织都积极地开展了如何利用公用电信网实现应急通信相关项目的研究。

公用电话网支持应急通信电话网包括我们常说的固定电话网和移动电话网。灾难发生时，往往同一地区的大量用户将同时发起呼叫，对于按照"收敛比"进行部署的电话网来说，话务量将超出其设计容量，导致拥塞。在此种情况下，如果希望利用公用电话网来承载应急话务流，就必须提供一定的机制，来保障应急话务流的传送。"收敛比"指可以同时接通电话的数量和用户数的比例。在固定电话网中，收敛比一般为 1∶4 左右，即 100 万用户，只有 25 万人能够同时打通电话；在移动电话网中，收敛比一般为 1∶20 左右。

我国公用电话网在设计建网的过程中只考虑了紧急呼叫的需求，即当发生个人紧急情况时，用户可以拨打 110、119 等紧急特服号码，呼叫将通过公用电话网接续到 110、119 的紧急呼叫中心，并没有考虑其他应急通信的需求，例如通过公用电话网实现指挥调度、实现重要部门之间的通信等。对于这类需求，要求公用电话网能够提供优先权处理能力，对于重要的指挥通信能够进行优先呼叫、路由、拥塞控制、服务质量、安全等方面的保证，这些需求目前的电话网还无法满足。

那么，如何利用公用电话网实现应急通信？有哪些关键技术？

我们在前面对应急通信的需求进行了全面的分析，我们知道应急通信按照通信流的方向可以分为：公众到政府、政府到公众、政府之间、公众之间的应急通信，按照各种不同紧急情况，又可以划分为 6 种场景：场景 1：个人紧急情况；场景 2：突发公共事件（自然灾害）；场景 3：突发公共事件（事故灾难）；场景 4：突发公共事件（公共卫生事件）场景 5：突发公共事件（社会安全事件）；场景 6：突发话务高峰。通过需求分析，我们可以看出，对于公用电话网支持应急通信主要涉及以下几个关键技术问题：①优先权处理技术；②短消息过载和优先控制；③通信资源共享；④呼叫跟踪定位；⑤号码携带。

二、优先权处理技术

公用电话网为了实现应急呼叫的优先权保障，需要具备端到端的保障措施，并且保障需要维持在呼叫的整个过程中。它主要涉及以下关键技术：应急呼叫的识别、应急呼叫优先接入、应急呼叫优先路由等。

要实现对应急呼叫进行优先权保障，前提条件就是能够识别出哪些呼叫是应急呼叫，识别技术应当灵活，应尽量提供根据呼叫而不是用户进行识别的能力。

接入是应急呼叫进入公用电话网的第一步，能够获得公用电话网的优先接入服务，对于应急呼叫的优先权保证来说，是非常关键的环节。

应急呼叫进入公用电话网后，电话网应为其提供优先路由机制，保证应急呼叫能够优先到达被叫、优先建立。

（一）固定电话网

1. 固定电话网应急呼叫的识别

1）用户线识别

对于固定电话网，应急呼叫的识别可以通过特殊标记的用户线来对用户进行识别，用户摘机呼叫时，端局能够根据用户线识别出该呼叫为应急呼叫，一旦被端局识别为应急呼叫，端局将为呼叫打上高完成优先权：HPC 标记，以便呼叫经过的后续节点能够识别出该呼叫为应急呼叫，为其实施优先权策略。

但这种方式只能是针对特定位置的特定用户线，且通过用户线进行识别，会导致网络对该用户线呼出的每个呼叫都认为是应急呼叫。要实现只针对呼叫而不是用户进行识别，可以进一步制定特殊的拨号策略：只有该用户线的用户拨出的被叫号码前加了一些特殊符号（例如："#"），交换机才识别本次呼叫为应急呼叫，打上 HPC 标记，而不是对所有呼叫都进行识别处理。

2）智能网识别

这种方式主要借助智能网功能对应急呼叫进行识别，这种方式需要用户在进行应急呼叫前先拨一个智能业务触发号码，例如，"710"，具有业务交换点（SSP）功能的交换局会将呼叫触发接入智能网，智能网负责对用户的身份进行验证：用户输入 PIN，验证合格后，用户输入目的地号码，智能网指示交换局路由该呼叫并打上 HPC 标记。

2. 固定电话网应急呼叫优先接入技术

就我国目前网络状况而言，对于固定电话网，实现应急通信的优先接入可

以通过特殊标记的用户线，只能是针对特定位置的特定用户线。

3. 固定电话网应急呼叫优先路由技术

1）电路交换

对于电路交换网来说，必须通过信令协议才能区分不同的通信流。因此电路交换网在识别出应急呼叫后，应当在信令中标记该呼叫为 HPC，并保证呼叫所经过的所有节点都能够识别这些标记，以实施优先分配通信资源的策略。

HPC 标记应由主叫发起的网络产生。HPC 标记的设定应独立于其他指示和环境，为了在电路交换网中，保证呼叫承载能够优先建立，HPC 标记应当被包含在呼叫建立流程的第一条信令消息中；并且如果想要保证信令消息本身在信令网中也能够被优先路由，该呼叫的相关的信令消息本身也应该被标优先处理对象。当一个网络节点接收到有标记指示的应急呼叫，将依据优先权策略进行呼叫建立流程的处理，标记指示应在整个呼叫持续期间有效。

2）软交换

电路交换网保证优先路由的机制对于基于分组交换的软交换网来说也是有效的，在软交换网的呼叫信令中，也应支持重要呼叫的高优先级呼叫标记HPC。软交换网络中的呼叫控制信令使用的是会话初始协议（SIP）信令。

（二）蜂窝移动电话网

1. 蜂窝移动电话网简介

蜂窝移动通信是当今通信领域发展最为迅速的领域之一，它对人类生活及社会发展产生了重大影响。20 世纪 70 年代中期，随着民用移动通信用户数量的增加，业务范围的扩大，有限的频谱供给与可用频道数要求递增之间的矛盾日益尖锐。为了更有效地利用有限的频谱资源，美国贝尔实验室提出了在移动通信发展史上具有里程碑意义的小区制、蜂窝组网的理论，它为移动通信系统在全球的广泛应用开辟了道路。

从 20 世纪 70 年代中期至 80 年代中期是蜂窝移动通信网第一代，属于模拟蜂窝移动通信网，这一阶段相对于以前的移动通信系统，最重要的突破是贝尔实验室在 20 世纪 70 年代提出的蜂窝网概念。蜂窝网，即小区制，由于实现了频率复用，大大提高了系统容量。

第二代蜂窝移动通信系统与第一代的最大区别是实现了从模拟系统向数字

系统的转变。在第二代蜂窝移动通信系统中得到广泛应用的是 GSM 系统。

GSM 全称"全球移动通信系统"（Global System for Mobile Communications），是由欧洲电信标准学会（ETSI）制定的移动通信标准，GSM 数字通信系统集无线电技术、程控交换技术、计算机技术、数字传输技术、信息加密技术、语音编码技术和大规模集成电路技术于一体，除具有系统容量高之外，还具有鲜明的个人化色彩、防盗用功能强、保密性好、提供服务种类多、漫游国家（地区）多、通话干扰小等特点。GPRS（通用分组无线业务的英文缩写）是在 GSM 网络基础上发展起来的分组交换系统，也有人称其为 2.5G 蜂窝通信系统。它与互联网或企业网相连，向移动客户提供丰富的数据业务。与传统的基于电路交换的数据业务相比，GPRS 具有永远在线、按流量计费、高速传输、语音数据自由切换等特点。GSM 网中用户最高只能以 9.6kbps 的速度进行数据通信，如 Fax、Email、FTP 等，而 GPRS 每载频最高能提供 107kbps 的接入速率，即每信道的速率是 13.4kbps。

第三代移动通信系统是由国际电信联盟（ITU）率先提出并负责组织研究并采用宽带码分多址（CDMA）数字技术的新一代通信系统。第三代移动通信系统是以工作在 2000MHz 频段的无线媒质作为接入和传输手段的个人通信网，包括高密度慢速移动通信、高速远距离移动通信以及卫星移动通信等。

CDMA（Code Division Multiple Access）是一种以扩频技术为基础的调制和多址接入技术，因其保密性能好、抗干扰能力强而广泛应用于军事通信领域。CDMA 数字蜂窝系统是在频分多址 FDMA 和时分多址 TDMA 技术的基础上发展起来的，与 FDMA 和 TDMA 相比，CDMA 具有许多独特的优点，其中一部分是扩频通信系统所固有的，另一部分则是由软件切换和功率控制等技术所带来的。CDMA 移动通信网是由扩频、多址接入蜂窝组网和频率再用几种技术结合而成的，因此它具有抗干扰性好、抗多径衰落、保密安全性高和同频率可在多个小区内重复使用的优点，而且 CDMA 比其他系统具有更大的容量，其容量要比模拟网大 10 倍，比 GSM 大 4~5 倍。从理论上讲，3G 可为移动终端提供 384kbps 或更高的数据速率，为静止终端提供 2Mbps 的数据速率。这种宽带容量能够提供 2G 网络不可能实现的新型业务并能以可接受的速率访问因特网和图像等内容。

第三代移动通信系统可在三个方面提供业务：移动性高速业务、移动性宽带业务和移动性多媒体业务。移动性高速业务即 Internet 接入，包括 E-mail、WWW、实时图像传输、多媒体文件传输、移动计算以及电子商务等；移动性宽带业务即电信业务，包括 ISDN、漫游、邮件业务以及呼叫中心业务等；移动性多媒体业务即信息数据，包括交互视频服务、TV/radio/data 以及增值的 Internet 业务等。目前，国际电信联盟接受的 3G 标准主要有：WCDMA、CDMA2000 和 TD-SCDMA 三种。

第四代蜂窝移动通信系统，是集 3G 与 WLAN 于一体并能够传输高质量视频图像的技术产品，并且其视频图像传输质量与高清晰度电视不相上下。4G 系统能够以 100Mbps 的速度下载，比拨号上网快 2000 倍，上传的速度也能达到 20Mbps，能够满足几乎所有用户对于无线服务的要求。而在用户最为关注的价格方面，4G 与固定宽带网络在价格方面不相上下，而且计费方式更加灵活机动，用户完全可以根据自身的需求确定所需的服务。此外，4G 可以在 DSL 和有线电视调制解调器没有覆盖的地方部署，然后再扩展到整个地区。

2. 蜂窝移动电话网应急呼叫的识别

1）接入类别识别

每个移动台都属于一个接入类别（Access Class）。Access Class 作为一个移动台的属性会被写入 SIM 卡中，现网中，一般用国际移动用户识别码（International Mobile Subscriber Identity，IMSI）的最后一位作为 Access Class 的值。3GPP（第三代伙伴计划）规范对 Access Class 有明确的定义。对于普通用户来说，SIM 卡中的接入类别是 0~9 的随机数，12、13、14 的使用对象分别为安全部门、公共事业部门及应急业务，可用于应急呼叫的标识。

2）用户签约识别

归属位置寄存器（HLR）为可能发起应急呼叫的用户设置签约数据，为用户的优先呼叫设置级别，呼叫建立过程中移动交换中心 MSC（Mobile Switching Center）会查询该属性，映射为无线侧的资源控制参数，传送给基站系统。

这种方式与固定电话网的"用户线识别"方式类似，识别针对的是用户而不是呼叫，不能针对每次呼叫。要实现只针对呼叫而不是用户进行识别，与固定电话网的"用户线识别"方式类似，可以进一步制定特殊的拨号策略：只有该用户拨出的被叫号码前加了一些特殊符号（例如："*272"），才触发用户签约属性生效，MSC 才为应急呼叫打上 HPC 标记，而不是对所有呼叫都进行识别处理。

3）智能网识别

该方式与固定电话网中的"智能网识别"方式一致，用户通过拨智能业务触发号码，例如，"710"，具有 SSP 功能的交换局会将呼叫触发接入智能网，智能网负责对用户的身份进行验证：用户输入 PIN，验证合格后，用户输入目的地号码，智能网指示交换局路由该呼叫，并打上 HPC 标记。

3.移动电话网应急呼叫优先接入

本部分主要介绍两种典型的无线网络优先接入技术。

1）基于 Access Class 的优先接入

前面我们介绍移动电话网优先识别技术时介绍过"Access Class（接入类别）识别"方式，通过该方式，普通用户的接入级别定义为 0~9。普通用户在接入网络时，会按照 1/10 的概率随机接入，根据需要，网管可以在任何时候闭锁某个接入类别，一旦某个接入类别被闭锁，属于该接入类别的用户的接入尝试就会被网络拒绝。接入类别被定义分配给特定的高优先级用户，高优先级用户可以获得高概率的随机接入机会。

2）业务信道增强的多优先级和抢占（eMLPP）技术

eMLPP 技术的主要思想是为用户提供差异化服务，可以向网络中高端用户提供优先接入网络的服务。在语音信道拥塞时，eMLPP 功能可以将高优先级用户置入相应的等待队列之中进行排队，用户的优先越高，越能优先占用释放出来的信道。

该项技术在用户签约信息中增加 eMLPP 优先级别参数（HLR 中），在呼叫接续处理过程中，MSC 从 HLR 中获取相关用户优先级别数据，映射下发到 BSC，由 BSC 负责无线资源分配。

无线网络资源分配策略可以包括：高优先级用户可以通过抢占、排队、直接重试、强制切断等综合手段保证优先占用有限的无线网络资源。

eMLPP 共有 7 个优先级别，其中最高的两个优先级 A 和 B 保留为网络内部使用（例如，紧急呼叫、网络相关业务配置、专用的语音广播等），这两个优先级仅在一个 MSC 范围内有效，该 MSC 范围之外，A、B 两个优先级应该作为优先级来看待。

对于应急呼叫可以使用较高的优先级，网络可以为应急呼叫提供较高的接入优先权，呼叫出局后应在局间信令中携带 HPC 标记，以备后续优先路由保障机制的实施。

4. 移动电话网应急呼叫优先路由

从网络的技术来看，固定电话网与移动电话网的最主要区别是接入手段，两者的核心承载网络并没有太大的区别。这里需要强调一点：移动软交换网络中使用的是承载独立呼叫控制（BICC）信令而不是 SIP 信令，BICC 信令基本上继承了 ISUP 信令的特性，在 IAM 中可以利用 CPC 字段携带 HPC 标记。

三、应急短消息

在发生灾难（地震、火灾等）时，政府机构会使用公用电信网的各种通信手段，向受影响地区的公用电信网用户颁布相关信息（警报、情况通报、安抚等），公用电信网应当提供政府向公众发布信息的业务，具备保障业务运行的网络能力。为快速和有效地让公众接收到紧急信息，大量的不同的通信手段及不同的通信策略可以应用到应急通知业务，短消息业务在我国发展迅速，普及率高，对通信网的资源占用较低，具备可以同时间大面积发送的特征，可作为应急通信业务的有效手段。

1. 短消息业务系统

短消息中心系统：经接入网（移动或固定电信网）、短消息终端与短消息中心进行短消息传送业务，短消息中心通过对短消息终端的接入、用户认证、短消息存储转发、计费等一系列的处理流程，为短消息终端提供短消息的发送和接收功能。短消息中心还为短消息终端提供与 SP 交互的能力。

短消息网关：业务提供商与短消息网内短消息中心系统之间的中介实体，负责提交业务提供商的短消息，接收来自短消息中心系统的短消息转发给业务提供商。

业务提供商：内容应用服务的直接提供者，负责根据用户的要求开发和提供适合用户使用的短消息服务。

2. 应急通知短消息业务及关键技术

灾难发生时，政府机构可能会借助现有网络中的短消息系统向公众发布警报、情况通报、安抚等相关信息，此时政府机构可能作为特殊的业务提供商接入短消息系统来向公众群发应急短消息。

对于这类短消息，短消息系统应尽可能地将消息传送到受影响地区内的公众，可以根据公众不同的位置发送不同的消息，例如，对于灾难现场区域可能发送"撤离"的消息，对于稍远的地区，可能发送的是"进房间靠近门窗"的消息。可以提供多种语言的通知服务，可以提供优选使用的语言（运营商应从用户收集语言使用属性）以及翻译服务（例如，中英文双语短信等）。

短消息系统对于应急短消息应赋予高优先级进行优先处理。高优先级消息，优先于低优先级消息；应首先发送高优先级消息，有效时间也长于低优先级短消息。一般情况下，普通的短消息默认是以"普通优先级"的方式发送，此时如果 HLR 中被叫用户状态被标记为不在服务区，那么 HLR 就会拒绝短消息中心系统发来的短消息的路由消息，短消息中心系统不会将短消息下发给 MSC。对于"高优先级"的短消息，短消息中心系统下发短消息将不受 HLR 中被叫用户状态的影响，即使被叫用户不在服务区，短消息中心也会将短消息下发给 MSC，MSC 将尝试将短消息下发给被叫用户（注：有些时候，HLR 中存储的被叫用户状态与被叫的实际状态不相符，被叫用户进入服务区后，HLR 有时不能及时更新该状态，因此如果采用高优先级的短消息来发送应急短消息将大大提高消息发送效率）。

那么如何才能识别出短消息是应急短消息呢？目前最简单的办法就是靠主 / 被叫号码进行识别，对于由政府机构发起的应急短消息，应当事先分配好固定的特殊的业务提供商主叫号码，例如，我们现在经常能收到从"10086"发送来的一些公共事件提示信息。对于用户向应急平台发送的短消息，可以通过被叫号码进行识别，例如 110、119 等。

灾难发生前后，应急短消息的大量发送，也会对网络造成一定的负担，如果能够利用小区广播来支持应急短消息功能，将能够有效地节省网络资源。小区广播短消息业务是移动通信系统提供的一项重要业务，通过小区广播短消息业务，一条消息可以发送给所有在规定区域的移动电话，包括那些漫游到规定区域的用户。它与点对点短消息业务的主要不同之处在于：点对点短消息的接收者是某个特定的移动用户，而小区广播短消息的接收者是位于某特定区域内的所有移动用户，包括漫游到该区域的外地用户。小区广播使用小区广播信道（CBCH），因此不受网络中语音和数据传输的影响，即使语音和数据业务发生拥塞，小区广播业务仍然可以使用。

四、资源共享

应急通信是在发生紧急情况下使用的通信手段,如果只为了应急情况下的通信而单独大规模地建立应急通信系统,会造成资源的浪费。虽然一次灾难有效的通信手段能够在救援中起到至关重要的作用,但灾难事件发生的并不是高频率的。同时,应急通信系统的各种通信手段不应成为孤岛,应尽可能地为相关单位所共享,充分利用已建成的网络和设施,因此应急通信系统的建设中应坚持资源共享、综合利用的原则。

网络资源共享,主要包括光缆、基站等。我国 2008 年四川省地震灾区通信系统修复工程预计共建共享 10 条传输光缆,为网络资源共建共享工作的开展积累了经验;基建共享主要从机房方面、铁塔方面、天线平台方面考虑,从机房的空间、铁塔平台空间、天天线之间的信号干扰方面等考虑。

除了技术因素是网络资源共建共享考虑的外,管理也是网络资源共建共享不可忽略的关键因素,多家运营商的系统在维护管理等方面都需要有相关配套的措施,才能有效地推进共建共享的进程。

第二节 卫星应急通信技术

卫星通信因具有覆盖范围大,不受地理条件限制,易于部署和展开等特点,在世界各国的应急通信中都获得了广泛的应用,是地面通信网的有效补充和延伸。在发生严重的自然与社会灾害时,尤其是地面的有线与无线通信系统均被破坏,而不能提供正常的通信服务时,卫星通信成为了最有效的甚至是唯一的通信手段。例如 2008 年年初我国南方 50 年不遇的冰雪灾害,同年 5 月 12 日的四川特大地震,致使电网、地面通信网等受到严重破坏,而卫星无疑成为了最佳的通信手段,在抢险救灾过程中发挥了巨大作用。

一、卫星通信概述

卫星通信是利用无线电传输媒介,通过人造地球卫星上的转发器或交换器与路由设备中继实现地面及空间用户之间信息传输的通信方式。现代卫星通信系统是以通信卫星技术为基础，结合地面微波通信技术、计算机和微电子技术、网络互联技术，支持各种通信用户终端在任何时间、任何地点实现相互通信的系统。卫星通信系统在全球覆盖通信、海上及空中用户移动通信和应急救灾通信等方面可以提供良好的服务。

（一）卫星通信发展历程

1945 年，英国科幻大师 Arthur C. Clarke 在英国《无线电世界》杂志上发表了一篇具有历史意义的卫星通信科学设想论文——《地球外的中继》，详细地论证了卫星通信的可行性。此后的大约 20 年间，研究人员按照 Clarke 的设想开始了利用人造地球卫星实现通信的探索，逐步完成了通信卫星的试验，并使卫星通信的实用价值逐渐得到广泛的承认。自 1957 年起，世界许多国家相继发射了各种用途的卫星，这些卫星广泛应用于科学研究、宇宙观测、气象观测、远距离通信、移动通信等许多领域。

我国自 1970 年成功发射第一颗人造地球卫星以来，已经先后发射了百余颗各种用途的卫星。其中，"东方红"系列卫星从试验到实用，成为通信卫星乃至整个卫星技术领域的典型代表。进入 21 世纪以来，随着航天事业的不断发展和卫星技术、通信技术的日益成熟，我国卫星通信的发展非常迅速。目前，国内提供卫星通信业务服务的最大运营商是中国卫通，运营并管理着 13 颗地球同步轨道商业通信卫星，覆盖包括中国在内的亚太、中东、澳大利亚、欧洲、非洲等地区，同时在建和规划有多颗卫星，承担着国内数百套广播电视节目的安全播出任务，为国内外大型活动直播、大型企业以及包括消防专业队伍在内的众多用户提供安全可靠的卫星信号传输保障和专属服务。

自 2000 年左右开始，个别消防总队在当地公安厅（局）的要求下，利用公安机关租用的卫星资源向公安厅（局）指挥中心传输灭火救援信息，或通过卫星建立灾害现场和总队指挥中心之间的信息传输通道，实施作战指挥。2008年起，公安部消防局先后下发了《公安消防专业队伍短波电台、卫星电话通信网建设方案》《全国公安消防专业队伍卫星通信网建设方案》《全国消防专业队伍卫星通信网入网技术要求》等文件，统一了全国消防专业队伍卫星资源的选择使用、组网模式、应用方法和管理制度，规范了卫星通信建设工作。目前已经建成联通部局、总队、支队三级，满足消防专业队伍灭火救援或演练现场语音、图像、数据传输需求的现代卫星通信网，在近年来的重特大火灾、事故和自然灾害的救援指挥中发挥了巨大作用。卫星终端的应用也成为消防专业队伍信息化训练与考核的科目之一。

（二）卫星通信的特点

1. 卫星通信的主要优点

卫星通信具有地面微波、电缆、光纤网络等传输模式所不具备的许多特性，可广泛用于数据、语音和视频传输等应用，并向固定、广播、移动、个人通信和专用网络用户提供服务。其主要优点包括：

（1）成本与距离无关。无论发射站和接收站的距离多远，卫星传输的成本基本上是相同的。

（2）广播成本固定。卫星广播传输，即从一个地面发射终端到多个地面接收终端，其成本与接收该传输的地面终端的数量无关。

（3）通信容量大。典型通信卫星的容量为数十至数百 Mbps，能为几百个视频信道或几万个话音与数据链路提供服务。

（4）误码率低，数字卫星链路通常可以实现优于 10^{-6} 的误码率。

（5）用户网络多样。卫星终端可以位于地面、海上或空中，也可以是固定或移动的。

（6）不易受陆地灾害影响。常常作为因灾害致使地面通信系统遭受破坏时所选用的应急通信手段。

2. 卫星通信的局限性

虽然卫星通信相对于地面通信方式而言具有许多优势，但由于其信号传输特点等因素，也决定了其不可避免地存在一些局限性，主要包括：

（1）通信卫星使用寿命相对较短，一般通信卫星设计寿命不超过 15 年。

（2）容易受太阳噪声影响，存在日凌中断和星蚀现象，10GHz 以上频带受雨雪等降水的影响大。

（3）电波的传输时延较大且存在回波干扰。

（4）卫星通信系统技术复杂。

（5）静止轨道卫星通信在地球高纬度地区通信效果不好，两极地区为通信盲区。

（三）卫星通信系统基本组成

任何一个完整的、实用的卫星通信系统从总体上都可以分为三个部分：空间段、地面段和用户段，如图 3-1 所示。

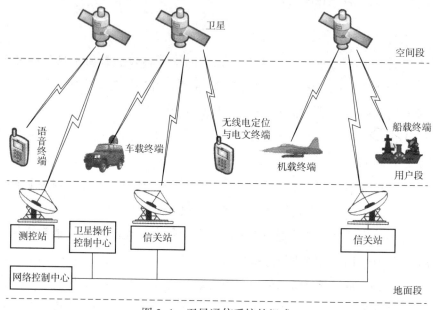

图 3-1　卫星通信系统的组成

1. 空间段

卫星通信系统的空间段包括在轨的通信卫星（或星座）和对卫星进行控制的地面站，具体可划分为通信分系统、天线分系统、控制分系统、跟踪遥测及指令分系统、电源分系统、结构和温控分系统等。

1）通信分系统

主要就是指卫星上的转发器，用于将卫星接收天线送来的各路上行信号经过放大、变频等多种处理后，转换为下行信号送给发射天线，重新传回地球。通常每颗卫星上有多个转发器，每个转发器覆盖一定的频带。

2）天线分系统

用于在卫星和地面之间定向发射、接收无线电信号。星载天线承担接收上行链路信号和发射下行链路信号的双重任务，要求具有体积小、重量轻、馈电方便以及便于折叠和展开的特点。从功能上分,星载天线有两种类型:一类是遥测、遥控和信标用高频全向天线;另一类是通信用的微波定向天线。

3)控制分系统

由喷气推进器、驱动装置和转换开关等各种可控的调整装置组成。用于在地面遥控指令站的指令控制下,完成远地点发动机点火,对卫星的姿态、轨道位置、各分系统的工作状态和主、备份设备的切换等进行必要的控制和调整。

4)跟踪、遥测及指令分系统

具有执行卫星跟踪、状态监测和控制的功能,除了星载的控制装置外,还包括专门的地面测控站内的卫星测控系统。地面测控站有时也称为跟踪、遥测、遥控(TT&C)站。

5)电源分系统

星上电源分系统由一次能源、二次能源及供配电设备组成。一次能源采用太阳能电池,由大量串、并联的硅半导体太阳能电池阵组成;二次能源采用化学能电池,常见的是镍镉蓄电池或镍氢蓄电池;供配电设备为星上各用电设备提供不同电压的工作电源。

6)结构和温控分系统

空间平台的结构是卫星的主体,使卫星具有一定的外形和容积,并能够承受星上各种载荷和防护空间环境的影响,一般由轻金属材料或复合材料组成,外覆保护层。温控分系统用于控制卫星各个部分的温度,保证星上各种仪器设备正常工作。一般卫星舱内仪器设备的温度保持在 $-20 \sim 40$℃。

2. 地面段

卫星通信系统的地面段由卫星地球站组成,包括固定站和移动站。

卫星地球站负责将来自地面网络的信息发送到卫星,并接收来自卫星的信息传送给相应的地面网络用户。完成通信业务的地球站主要由地面网络接口、基带设备、编译码器、调制解调器、上/下变频器、高功率放大器、低噪声放大器和天线组成。地球站工作在微波频段(300MHz~300GHz),用户通过地球站接入卫星线路进行通信。根据不同业务需求,地球站可以同时具有发送和接收能力,也可以只有发送或接收能力。

标准的卫星通信地球站可划分为天线分系统、发射分系统、接收分系统、接口及终端设备分系统、通信控制分系统、电源分系统等六个部分。

1）天线分系统

天线分系统包括天线、馈线和伺服跟踪设备。对地球站天线的基本要求是：定向增益高、噪声系数或噪声温度低、始终对准卫星。地球站的天线是收发共用的，因此必须采用双工器对收发进行隔离。

2）发射分系统

发射分系统由上变频器、射频合路器和高功率放大器组成，其作用是将中频信号变换到射频频段，并高保真地将一个或多个已调射频信号放大到所要求的功率。

3）接收分系统

接收分系统由低噪声放大器、射频分路器和下变频器组成，其作用是对卫星转发来的信号进行接收，经过放大、变频送至基带处理设备。

4）接口及终端设备分系统

接口及终端设备分系统是地球站与地面传输链路的接口，其任务是对地面线路到达地球站的各种基带信号进行变换，编排成适合于卫星信道传输的基带信号，送给发射分系统；同时要对来自接收分系统的信号进行解调，并变换成地面线路传输的基带信号。

5）通信控制分系统

通信控制分系统用于在地球站内进行集中监视、控制和测试，以保证地球站内各部分设备的正常工作。监视设备的功能是监视系统内各种设备的工作状态，发生故障时能够在中心控制台显示告警及指示信息；控制设备对地球站内各主要设备进行遥测遥控，包括主、备用设备的转换；测试设备包括各种测试仪表，用来指示各部分的工作状态，必要时可在地球站内进行环路测试。

6）电源分系统

电源分系统要供应地球站内全部设备所需电能，它的性能会影响卫星通信的质量及地球站设备的可靠性。地球站电源要求不应低于一般地面通信枢纽的供电要求，除了应具有1~2路外线或市电供电外，通常还应设有应急电源和交流不间断电源两种电源设备。地球站供电线路一般要求采用专线供电，以避免由于供电电压的波动和不稳定所带来的杂散干扰。

3.用户段

卫星通信系统的用户段是指用户终端设备，可以是固定终端或便携式、手持式的机动或移动终端。

1）固定终端

固定终端固定到地面上接入卫星，它们可以提供不同的业务类型，当与卫星进行通信期间，它们不运动。例如，安装在居民楼顶用来接收卫星广播电视信号的终端。

2）机动终端

机动终端是可移动的，但在与卫星通信时，它固定在某一位置，俗称"静中通"。卫星新闻采集车就是这样一种终端，它移动到位置后停止不动，随后展开天线以建立卫星链路。

3）移动终端

移动终端用来在运动中同卫星进行通信，俗称"动中通"。根据终端在地球表面或邻近表面的位置，可进一步分为陆地移动终端、航空移动终端和海上移动终端。

4. 卫星通信业务

卫星通信业务是指由通信卫星和地球站组成的卫星通信系统提供的语音、数据、图像传输等业务。按照应用性质来分，卫星通信业务通常可分为以下几类：

1）固定卫星业务（FSS）

固定卫星业务主要为电话网络之间提供连接业务、为有线电视运营商传输电视信号业务，连接两座或多座具有收、发功能的卫星地面站实现点对点的双向通信，它的通信转发器数目较多。为了避免对地面微波中继线路共用频段的干扰，每个通信转发器的输出功率一般为5~10W，发射到地面的电波较微弱，须用直径较大的高增益天线、复杂昂贵的低噪声接收设备和跟踪系统来接收。

2）广播卫星业务（BSS）

广播卫星业务主要提供直达用户家庭的电视广播业务，也称卫星直播业务（DBS）。不必经过地面站转播，可直接向用户转播电视和声音广播。转播的原理和方法与在地球静止轨道上的通信卫星相似，但其转发器数目少、输出功率大，天线定向精度高，覆盖面积很大，故在边远地区、小岛或山区的用户都能直接收到转播的节目。

3）移动卫星业务（MSS）

移动卫星业务主要用于移动电话，经过卫星转发器中继后的电波被地面站的天线所接收，站内的卫星设备将射频信号重新变换成信令和话音信号，经过站内程控交换机、公用电话网接通用户电话机，使双方建立联系进行通话。移动卫星业务也可以支持包括互联网无线接入在内的多种移动数据通信。依据地面终端的物理位置，可进一步分为航空移动卫星业务（AMSS）、陆地移动卫星业务（LMSS）和海上卫星移动业务（MMSS）。

4）导航卫星业务

导航卫星业务是指利用卫星导航定位系统向局域范围或全球范围全天候地提供导航、授时、三维定位和三维测速等信息服务。目前世界上有四大全球导航定位系统，即：美国的全球定位系统（GPS）、俄罗斯的"格洛纳斯"系统（GLONASS）、欧盟的"伽利略"系统（GALILEO）和中国的"北斗"系统。

二、卫星通信在应急管理中的应用

（一）常规陆基应急通信的局限性

陆基通信在抗毁性方面所具有的天生不足，注定在重大的灾难面前无法担当应急通信的重任。对通信的基础设施造成损毁，如通信光缆、基站等由于灾害侵袭而毁坏，无法提供正常的通信服务。由于基站等设施供电保障系统的瘫痪使得通信电力供应中断，通信服务也随之被迫罢工。灾害导致交通同时中断，使预先准备的应急通信设备和人员难以进入现场，最终使应急通信得不到有效的实施。灾害造成受灾地区人们的恐慌，使得通信业务出现井喷式的增长，导致原有的通信负荷无法满足客户的需要而崩溃。

（二）卫星应急通信的优势

当出现各种类型的重大灾害或突发事件对陆基通信构成致命打击时，卫星应急通信的作用和地位就能得到充分的显现：

（1）卫星通信的基础设施受地面的干扰与陆基通信相比要小，即使在陆基通信的光缆和基站等通信基础设施受到全面损毁的情况下，卫星通信也能在短时间内得到快速部署，成为保障应急通信的主角。

（2）在通信电力保障方面，由于卫星通信自成体系，对电力的要求也可通过局部保障得到解决，所以只需要事先为相关卫星终端配备小型便携发电机或太阳能电池，就可以在灾难发生时为通信服务提供电力保障。

（3）当出现路毁坏、交通中断等意外时，小型的、便携式的卫星终端设备可通过空投或随身携带的方式进入灾区现场，能力争最短的时间内保障通信畅通。

（4）由于卫星通信系统带有比较强的专用性，所以通信用户相对比较集中，一般不会出现由于超过接入网络设计负荷的呼叫和话务量而导致的网络瘫痪现象，从而可以避免因线路拥塞所带来的通信困难。

（三）支持应急通信服务的卫星通信网络类型

目前世界上有三种支持应急响应行动的卫星通信网络可以使用：

（1）地球静止轨道（地球同步轨道）卫星网络，主要包括 VSAT 系统；

（2）中低地球轨道卫星通信网络，主要包括铱星等；

（3）静止、非静止结合卫星通信网络，包括北斗、Inmarsat 等。

（四）应急卫星通信系统的通信方式

目前用于应急通信实践的卫星通信主要有移动卫星通信方式和固定卫星通信方式两种，其中采用移动卫星通信方式的终端可分为手持式移动卫星通信终端及便携（可运输）式移动卫星通信终端两种，而固定卫星通信方式需要通过固定 VSAT 卫星通信终端来实现。

1. 移动卫星通信方式

移动卫星通信用户通过移动卫星通信终端，利用卫星转接信号，再传送到同一系统的移动卫星通信终端用户，实现通信交互和信息传输的功能。

用于应急移动卫星通信的终端包括手持式移动卫星通信系统（铱星、海事卫星等）及便携可运输式（包括 BGAN 等）两种主要类型。

（1）手持式移动卫星通信（Handheld Mobile Satellite Communications）终端体积小巧、携带方便灵活，因此在应急通信领域有着较为广泛的应用。这些终端设备既可以是与普通手机相仿的卫星电话，也可以是与普通寻呼机相似的卫星寻呼机。

（2）便携（可运输）式移动卫星通信终端是可在汽车或轮船甚至直升机，以及包括商用飞机在内的其他航空器中传输和操作的设备。

2. 静止轨道卫星通信方式

静止轨道卫星通信系统可以提供各层级应急指挥中心与灾害现场、重要站点间语音、传真、数据、影像及视频会议等通信服务。这类卫星在用于应急通信时，除了建立专用卫星网络，提供固定站点的各种通信服务外，受灾区域还可以使用车载式或便携式卫星通信设备，在紧急时携带到现场架设，从而可以迅速建立临时通信站点，满足现场应急指挥的要求。

静止轨道卫星通信系统的架构分为点对点架构与 VSAT 架构两种。点对点系统架构简单、建设及维护成本低，很适合通信点数较少的系统（如 10 个左右）；VSAT 系统则具有网络管理功能，虽建设及维护成本较高，但适合通信点数较多的系统。

三、典型卫星系统及应用

卫星通信系统是空间卫星多波束技术、星载处理技术、计算机和微电子技术的综合运用，是更高级的智能化新型通信网，能将通信终端延到地球的每个角落，实现世界漫游，从而使电信网发生质的变化。

在地球静止轨道卫星通信系统中，能够提供全球覆盖的有国际海事卫星（Inmarsat）系统，能够提供区域覆盖的有瑟拉亚卫星（Thuraya）系统、亚洲蜂窝卫星（ACeS）系统、北美移动卫星（MSAT）系统等，另外还有一些卫星组织提供国内覆盖的卫星系统。典型的中低轨道卫星通信系统有 Inmarsat-P 系统、奥德赛（Odyssey）系统、铱星（Iridium）系统、全球星（Globalstar）系统等。本节主要介绍消防专业队伍常用的海事卫星系统、铱星系统和消防卫星电话网。

（一）海事卫星系统

国际海事卫星（International Maritime Satellite，Inmarsat）系统是由国际海事组织经营的全球卫星移动通信系统，最初的目的是用于船舶与船舶之间、船舶与陆地之间的通信，现在也用于陆地与陆地之间的通信。海事卫星系统可进行通话、数据传输和传真。 我国各地均开放海事卫星电话业务。为了满足不断增长业务的需要，国际海事卫星系统已经发展到第五代，目前在用的为第四代。

第四代 Inmarsat 系统又称为全球宽带网（BGAN），BGAN 是第一个通过手持终端向全球同时提供语音和宽带数据服务的移动通信系统，也是第一个提供数据速率保证的卫星通信系统，可以为全球几乎任何地方的用户提供速率达 492kbps 的数据传输、移动视频、视频会议、传真、电子邮件、局域网接入等业务和多种附加功能，它兼容 3G 陆地移动通信系统，综合了高低端多种业务模式，采用了先进技术确保通信高质量和系统高可靠度。

1. Inmarsat 系统网络结构

Inmarsat 系统总体结构与链路关系如图 3-2 所示。

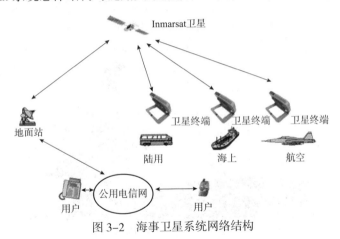

图 3-2　海事卫星系统网络结构

1）空间段

第四代 Inmarsat 系统的空间段由 3 颗完全相同的地球同步静止轨道卫星组成，分别布设于太平洋、大西洋和印度洋上空，用以收、发地面站和用户终端的信号，卫星覆盖区域如图 3-3 所示。

第四代 Inmarsat 卫星由欧洲 EADS Astrium 公司研制，主体尺寸为 7m×2.9m×2.3m，太阳能翼展为 45m，在轨重量约为 3000kg，设计寿命为 10 年，外形如图 3-4 所示。与前几代卫星相比，Inmarsat-4 卫星的太阳能帆板更大，提供更高的 EIRP，从而提供更多的信道和更高的速率。

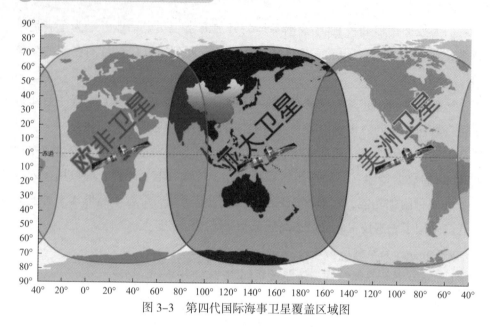

图 3-3　第四代国际海事卫星覆盖区域图

图 3-4　第四代国际海事卫星

2）地面段

Inmarsat 系统的地面段由设在伦敦的 Inmarsat 总部的卫星控制中心（SCC）、4 个遥感遥测控制站（TT&C）和 2 个卫星接入站（SAS）组成。SCC 负责卫星在轨道上的位置保持和确保星上设备的正常运转。卫星的状态数据由 TT&C 站负责传递给 SCC，SAS 之间通过数据通信网连接，管理全球网络中的宽带业务部分。Inmarsat 通过网络操作中心（NOC）负责整个网络的控制和管理，而卫星的控制则由 SCC 来负责。NOC 和 SCC 协调工作，根据网络流量和地理流量分布的函数来动态地给各个点波束重新配置和分配信道。图 3-5 为系统地面段组成和逻辑关系示意图。

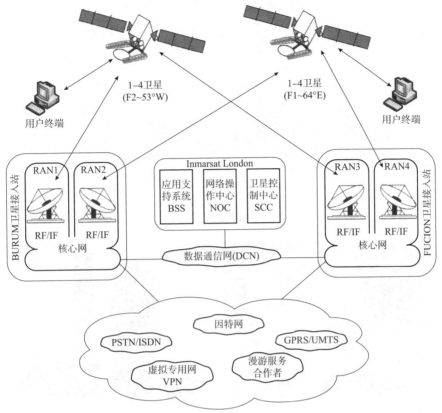

图 3-5　第四代海事卫星系统地面段组成及逻辑关系

3）用户段

Inmarsat 系统的用户终端一般包括天线单元、接口单元和用于通信的移动站或手持机，以及辅助用户准确指向卫星的软件等。接口单元在进行语音通信时可以采用有线或蓝牙方式和话机相连。在进行数据通信时，可以选择多种方式和个人计算机或 PDA 等相连接，不同终端提供的数据接口不完全相同，具体连接方式视终端类型和型号而定。

一个用户终端可以同时支持两种业务，即在高速数据传输的同时进行语音通信，也可以由用户选择单独当作数据通信终端或仅当作电话使用。进行数据通信时，数据分组经由 IP 路由器在网内以分组交换的方式传输；进行语音通信时，语音通过交换机以电路交换方式传输，即一个终端可以在两个网络进行通信。

常用的海事卫星终端有车载型、便携型和手持型三类，如图 3-6 所示。

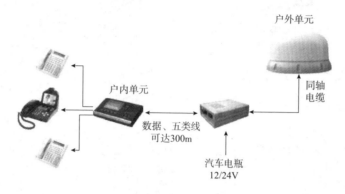

(a)车载型终端及连接方式

(b)便携型

(c)手持型

图 3-6　常用的海事卫星终端

2. Inmarsat 系统的主要技术指标

Inmarsat-4 卫星采用多波束天线，有 1 个全球波束、19 个宽点波束和 228 个窄点波束。不同波束提供不同的业务：全球波束用于信令和一般数据的传输，宽点波束支持传统的电话、传真等业务，窄点波束实现新的宽带业务。窄点波束比一般波束的天线增益大很多，卫星容量可以根据业务需求进行重新分配。通过提高卫星的增益来降低对移动终端增益的要求，从而在低增益终端址实现高速数据通信。

3. Inmarsat 系统业务

Inmarsat 系统从 1982 年开始提供模拟体制的 A 标准业务，逐渐发展到 B、C、M、Mini-M、M4、F 等标准，2005 年推出 BGAN 便携终端业务和手持终端业务。目前，海事卫星电话的业务见表 3-1。

表 3-1　海事卫星业务

业务标准	主要业务功能
A	电话、传真、电传；拨号上网和 Email
B	16kbps 数字电话；9.6kbps G3 传真业务；9.6kbps 数据业务；64kbps 高速数据业务；50Baud 电传业务
C	存储转发消息；海事遇险告警；陆地移动告警；轮询和数据报告；增强性群呼（EGC）
F	共享 64K 包交换数据业务；标准 ISDN 业务；4.8k 话音业务；9.6kbps G3 传真；64K ISDN 数据业务；9.6kbps 数据和传真
Mini-M	4.8kbps 语音电话；2.4kbps 传真；2.4kbps 数据传输；拨号上网
FB	语音：4kbps AMBE+2，3.1kHz 音频 传真：3.1kHz 音频信道 G3 传真 手机短信：标准文本短信，每条最多 160 字符 数据：电路交换 Euro ISDN:64kbps；标准 IP:150~432kbps 多连接同时在线：语音和数据、传真和数据、数据和数据、短信和数据

（二）铱星系统

铱星（Iridium）通信系统是美国摩托罗拉公司提出的依靠卫星提供联络的低轨全球个人移动通信系统，使用手持式终端。由于原设计是布放 77 颗卫星，按化学元素"铱"的原子序数排列，故取名为铱星通信系统。后来对原设计进行调整，布放的工作卫星数目改为 66 颗（另有 6 颗备用卫星），但仍保留原名称。

铱星系统能够覆盖到全球各个角落，无论在海上、陆地或空中，人们都可以利用铱星系统与任何地区的任何人通话，从而实现了真正意义上的"全球通"。如果通话距离较远，单个卫星无法成传递任务，则信号可先通过各个卫星间传递。其用户主要来自海事、民航、油气钻探、采矿、建筑、林业等部门以及其他一些组织和个人，目前美国国防部是其最大的用户。

1. 铱星系统网络结构

铱星系统总体结构与链路关系如图 3-7 所示。

1）空间段

铱星网络的空间段（即星座）由 66 颗低轨道卫星组成，轨道高度约为 780km，卫星重量约 700kg，设计寿命一般为 5~7 年。这 66 颗卫星分布在 6 个极地轨道面上，每个轨道面上有 11 颗卫星，另外还有 1 颗备用卫星，保证每个平面至少有一颗卫星覆盖地球。卫星以大约 27000km/h 的速度绕地球旋转，运行周期约 100min。每颗卫星与其他四颗卫星交叉链接，两个在同一个轨道面，两个在邻近的轨道面。铱星星座和铱星外形如图 3-8 所示。

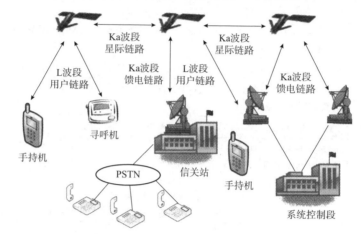

图 3-7 铱星系统总体结构与链路关系

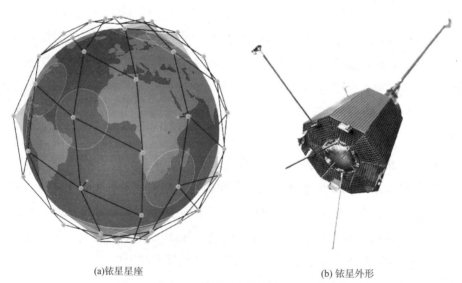

(a)铱星星座

(b) 铱星外形

图 3-8 铱星星座和铱星外形

2）地面段

铱星网络的地面段包括系统控制中心（SCS）、关口站（Gateway）和测控站。SCS 有两个，一主一备，任务是控制 66 颗铱星在轨道的运行位置和星体状态，使每一颗星都保证以正确的姿态飞行在自己应在的轨道和位置，并将卫星的状态数据提供给关口站，从而保证星与星、星与地之间的正常通信联络。关口站共有 12 个, 用于连接地面网络系统与铱星系统, 并对铱星系统的业务进行管理, 提供每一个铱系统呼叫的建立、保持和拆除, 支持寻呼信息的收集和交付。测控站有 3 个, 用于完成遥测、跟踪和控制的任务, 它们直接与控制中心连接在一起, 以调整卫星发射定位及后续轨道的位置。

3) 用户段

铱星系统的用户终端主要是铱星电话, 它可向用户提供话音、数据、传真服务, 一般是双模工作方式, 既可以工作在普通的地面公众移动通信网中, 也可以工作在卫星电话模式。目前主要有 Iridium Extreme、IR9555、Ir9505A 等几种型号。其他的铱星用户终端还包括车载式终端和类似寻呼机的消息接收设备 (MTD), 如图 3-9 所示。

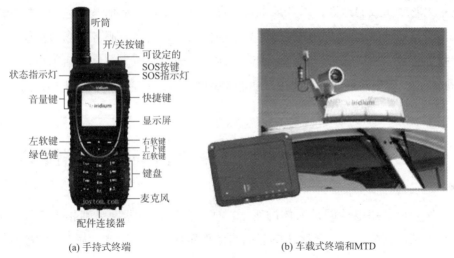

(a) 手持式终端   (b) 车载式终端和MTD

图 3-9　铱星用户终端

2. 铱星系统的工作链路

铱星系统的每颗星把星间交叉链路作为联网手段, 包括链接同一轨道面内相邻两颗卫星的前视和后视链路, 还有四条轨道平面间的链路。星间链路使用 Ka 频段, 频率为 23.18~23.38GHz, 卫星和地球站之间也使用 Ka 频段, 上行频率为 29.1~29.3GHz, 下行频率为 19.4~19.6GHz, Ka 频段关口站可支持每颗卫星同时与多个关口站同时通信。卫星与用户终端间的链路采用 L 频段, 频率为 1616~1626.5MHz。

铱星系统采用 FDMA/TDMA 混合多址结构, 将 10.5MHz 带宽的 L 频段按

FDMA 方式分成 240 个信道，每个信道再利用 TDMA 方式支持 4 个用户连接。每颗铱星利用相控阵天线产生 48 个波束点，分别覆盖 48 个蜂窝小区，整个系统利用卫星的多点波束将地球的覆盖区分成若干个蜂窝小区，蜂窝的频率分配采用 12 小区复用方式，每个小区的可用频率为 20 个。

在使用铱星系统进行通信时，卫星不必覆盖地面关口站，而是通过星际链路将通话信号传送到关口站，关口站再将通话信号发送到地面电话和数据通信网络中。如果通话是在铱星系统内两个电话之间进行，则不必通过关口站，而直接在卫星之间传送。

3. 铱星系统业务

铱星的主要服务对象是那些没有陆地通信线路或手机信号覆盖的地区、信号太弱或超载的地区，以及因重特大灾害事故使常规通信系统遭到破坏的地区，为身处这些地区的用户提供可靠的通信服务，其商业服务市场包括航海、航空、急救、油气开采、林业、矿业、新闻采访等领域。铱星电话用户除可以和同网内其他用户通话外，也可以和地面公网的固定电话用户、手机用户通话。

第三节　无线传感及自组织网络应急通信技术

如果说公用电信网是人体的躯干，那么无线传感器网络则相当于人体的神经末梢。顾名思义，无线传感器网络的作用在于"传"和"感"，它能够动态"感知"并采集区域内的信息，并将这些信息"传递"给相关的业务和应用平台，特定的业务及应用根据其需要对信息加以处理并进行后续应用。由于无线传感器网络所特有的"感"知特性，在应急通信领域，它可以广泛用于采集各类环境信息，实现应急通信的监控和预警。无线自组网（Wireless Self-Organizing Network，WSON）技术是互联网和移动通信的有效融合，具备自组网、协同传递、无设备支持等特征，可拓展性和稳定性较好，比较适合山区、暂时通信、应急通信等环境。无线自组网最初起源于 20 世纪 70 年代，由美国军队所研发，之后逐渐发展出无线传感网络、Mesh 网络、Ad Hoc 网络等新模式，并且各有应用范围和技术特征。

一、无线传感器网络及自组织网络简介

无线传感器网络是由大量无线传感器节点通过移动自组织方式构成的无线网络，它有两个核心，即传感器和移动自组织。传感器负责感知并采集信息，移动自组织技术则保证大量传感器节点之间能够协同工作。

1. 传感器

传感器是在 20 世纪 60 年代末由网络技术和传感技术相结合而产生的一种概念，直至 90 年代，随着通信技术、嵌入式计算技术以及微电子技术的飞速发展，尤其是电子产品制造成本的持续降低，微型智能传感器开始在世界范围内出现，这就是分布式传感器网络。分布式节点之间可以采用有线、无线、红外和光等多种形式的通信方式，短距离的无线低功率通信技术最适合这种网络使用，因此，这类网络被称为无线传感器网络。

典型的无线传感器网络由传感器节点（Node）、信息收集器（Sink）构成，传感器节点负责监测收集数据，并将其传送到 Sink，Sink 承担着网关的角色，它负责将大量传感器节点所收集到的信息传送到公用电信网，公共电信可以是互联网、卫星通信网、移动通信网或下一代网络等基于无线或 IP 技术的网络，再由这些公用电信网将数据传送到需要这些数据的最终应用。

传感器网络节点由传感器、模／数转换功能模块、处理／控制单元、通信单元以及电源部分构成。此外，还可以包括定位系统、运动系统以及发电装置等其他功能单元。

大量无线传感器网络节点可通过飞机布撒、人工布置等方式，随机、快速部署在需要采集信息的区域内，如人迹罕至的恶劣环境中。这些高密度、高度自治的传感器节点通过自组织方式构成无线网络，以协作的方式感知、采集和处理网络覆盖区域中的信息，再由 Sink 通过公用电信网将信息送到需要这些信息的用户，完成实时监测、感知和采集各种环境或监测对象信息的各项功能。

无线传感器网络的出现，改变了人们获取信息的方式。与我们普遍使用的传统的人与人之间的通信不同，无线传感器作为新的信息获取技术，实现了物与物（M2M）之间的通信，作为泛在网络必不可少的技术手段，已经获得了广泛关注，并在公共安全、交通、卫生等多个领域获得了应用。

2. 移动自组织

移动自组织网络又称为移动 Ad Hoc 网络，最早是应军事需要为研究战场环境下具有高损毁性、高生存能力和高扩展性的无线通信系统而发起的。具有无中心自组织、多跳接入、网络拓扑结构动态变化、传输带宽有限、存在单向无线信道等特点。

顾名思义，移动自组织的核心在于"自组织"。我们普遍使用的公用电信网是由核心网实现集中控制的，而移动自组织网络则没有中心节点控制，每个节点地位都是平等的，都可能是通信的发送者、接收者或中继者；节点具有高度的自主性，可以随意加入和离开网络。因此，移动自组织网络具有无中心节点、网络高度自治、拓扑变化频繁、多跳传输、脆弱的安全性等比较明显的特点。

由于移动自组织网络具有没有中心控制节点、网络拓扑变化频繁、分组通过多跳进行传输、使用无线共享信道等特点，使得移动自组织网络的网络行为与传统有线网络和蜂窝通信系统有着很大的不同，因此，移动自组织网络对数据链路层、网络层和传输层等网络各层协议都提出了新的要求，需要解决隐藏 / 暴露终端的影响、及时反应网络动态拓扑的新的路由协议、传输层协议改进等关键技术问题。

移动自组织网络无中心节点的特性，使其具有高度的抗损毁性，它的应用领域和传统的网络有着很大的不同，它更适合于应用在一些无法安装部署基础通信设施、对网络部署速度有更快要求和具有高抗损毁能力的突发性场景，如军事通信、应急通信。移动自组织网络的研究起始于军事应用，到目前为止它的最大应用仍然是单兵战场通信、战区舰艇编队通信、战区车载通信等战场环境下的通信。

无线传感器网络由大量可以感知周围环境变化的传感器节点构成，这些节点一般采取随机撒布的部署方式，节点之间正是通过移动自组织方式，构成一个协同工作的通信网络，完成信息感知、采集及传送等功能。

二、无线传感器网络在应急通信中的应用

无线传感器网络最大的优势在于通过一组大冗余、低成本的简单传感器协

同工作，实现对某一复杂环境或事件的精确信息感知能力，具有高可靠性、高抗毁性、随需而设、即设即用等特点，适合无法部署固定线路的场合，比如恶劣的野外环境，或是救灾等需要网络灵活快速部署的场合，而且，由于无线传感器网络的冗余特性，即使在某个或者某些节点失效时，仍能保障整个传感系统具有很高的可靠性。应急通信通常都是在恶劣的野外环境，且具有一定的突发性，无线传感器网络可广泛用于应急通信领域，对环境或特定物质进行全方位、立体精确监测，以更直接更快速的方式近距离地获取环境信息，为应急指挥人员提供更为精确的现场环境信息和现场环境发展趋势，从而结合当前资源和环境等信息，为应急处置提供充分可靠的决策依据。

无线传感器网络应用于应急通信领域有两种情况：

（1）灾前监控和预警。可在事故多发的地点和季节，针对各种监控对象部署相应的无线传感器节点，如部署雨量测量仪、雪量测量仪、风力测量仪、倾斜仪、振动计、振动传感器、声音传感器等，采集各类信息，通过部署各类传感器，建立各类灾害的预测和告警系统，如碎片流监测系统、山崩监测系统、洪水预测和告警系统等。

（2）灾后监控和处置。当发生自然灾害时，灾害现场通常环境恶劣、人员无法达到，而化学品泄漏、河流污染等突发事故灾难现场对人体通常带有一定的危害性，对于这种灾后现场，都需要部署无线传感器网络，监测事故和灾害现场的各类信息，为应急处置提供依据，及时高效地展开救援。

对于支持上述两种应急通信应用场景，无线传感器网络架构是相同的，所不同的是对监测数据的处理。灾前预警更多的是对数据的分析和处理，根据历史经验，设定告警的阈值，以便提前预防；而灾后处置则更多的是实时监控，根据当前状况快速做出响应和处置。

针对不同的突发公共事件，可以部署不同的传感器节点，构建环境信息采集环境。

通过无线传感器网络对复杂环境和突发事件的动态感知能力，建设基于无线传感器网络的灾前监测和预警体系、灾害监控和处置体系，一方面可以实现对水旱灾害、气象灾害、地震灾害、地质灾害、海洋灾害、生物灾害和森林草原火灾等自然灾害以及环境污染和生态破坏等突发事故灾难的精确监测；另一方面，可以将现场动态信息与应急指挥数据库中的各类信息相结合，对突发公共事件的发展趋势进行动态预测，进而为应急指挥和处理提供科学依据，提高应对突发公共事件的能力，最大限度地预防和减少突发公共事件所带来的生命和财产损失。

无线传感器网络应用于应急通信领域，需要解决的最关键问题就是应用相关性。无线传感器网络最重要的功能便是感知、采集并传输监测环境中各种信息的变化，因此感知装置是节点的最基本组成部分，不同灾害现场存在不同的应用环境，所要监测的信息不同，感知节点的组成和要求不同。根据应用场景的不同以及成本高低不同，节点中感知单元的功能和数量也不尽相同。其核心问题是传感器在每种应用中的规模并不很大，但可应用的领域很多，应用多样化带来网络拓扑多样化及大量非标准化的私有协议，存在多种应用需求标准化的矛盾。

无线传感器网络具有很强的应用相关性，使得这一领域的研究成果差别很大，并没有一个可以通用的协议和解决方案。不同的应用需要配套不同的网络模型、软件系统和硬件平台。针对应急通信监测水旱灾害、气象灾害、地震灾害、地质灾害、海洋灾害、生物灾害、森林草原火灾、环境污染及生态破坏等不同应用，需要规划网络模型，选择合适的路由协议，解决好数据管理机制等关键问题。

无线传感器网络在应急通信领域的应用还处于起步阶段，大都处于试验室研究和小范围试点阶段，日本作为一个灾难多发国家，利用无线传感器网络构建了一系列灾害监测系统，并将无线传感器网络监测系统纳入下一代防灾通信网规划。无线传感器网络在应急通信领域中的规模应用和标准化工作还需要一定的政策引导和技术成熟时间。

三、移动自组织网络在应急通信中的应用

移动自组织作为一种技术，除了可被无线传感器网络所使用，完成应急通信灾前和灾后监测之外，其自身还可以广泛应用于各类突发性场景，临时构建通信系统，完成应急指挥调度。

在灾难或事故现场，部署应急通信车和各类现场救助单元，救助单元可以是各种车辆、便携设备或背负通信设备的人，每个救助单元通过无线通信设

备，以移动自组织方式组成网络。现场救助单元可以在网络内进行通信，每个单元既可能是通信双方的源节点或目的节点，也可能是转发分组的中间节点。这些救助单元也可以通过应急指挥车，经过 GSM/CDMA 或卫星通信网络等公用电信网，与远程的应急指挥平台进行通信，现场指挥车充当灾难现场通信网络和远程应急指挥平台的网关节点。

由于自然灾害等突发事件的破坏性和不确定性，应急通信系统的部署时间直接影响救助效果和损失程度。由于移动自组织网络的分布式组织管理特性，可以快速自动组成一个通信网络，因此，移动自组织网络可以满足应急通信系统对快速部署能力的要求。移动自组织网络具有一定的扩展性，节点可以很方便地加入和离开网络，可根据灾害的种类和破坏程度，扩充或调整应急通信网络，以扩大灾害现场的通信网络覆盖范围和增加通信能力。

移动自组织网络的快速部署和可扩展性特点，满足了应急通信的基本需求，但由于应急通信的特殊性，也给移动自组织网络提出了新的需求。为了提高应急通信现场指挥的效率和速度，要求移动自组织网络具备组播能力。另外，需要移动自组织网络支持多媒体通信能力，以便指挥人员可以看到现场，召开视频会议，直观地对灾害现场做出判断，在最短的时间内做出正确的应急处置。应急通信过程中传送的数据都是非常重要的，因此要求提供一定的 QoS（Quality of Service，服务质量）保证，对重要数据提供高优先级信道访问权和传输时延限制，以保证重要数据的及时传递。

第四节　无线接入应急通信技术

无线接入技术是指从无线交换节点到用户终端的接入技术，它实际上是核心网（骨干网）的无线延伸。作为一种先进技术手段，无线接入实施接入网的部分或全部功能，已成为有线接入的有效支持、补充与延伸。与有线接入方式相比，无线接入具有独特的优势，它不需要缆线类物理传输介质，直接采用无线传播方式，因而可降低投资成本，提高设备灵活性和扩展传输距离。目前，得到广泛应用的无线接入技术主要有蓝牙、WiFi、WiMAX 和 ZigBee 等。

一、蓝牙接入技术

蓝牙技术是一种支持设备短距离通信的无线技术。其最初的目的是希望采用短距离无线技术将各种数字设备（如移动电话、计算机等）连接起来，以消除繁杂的电缆连线。随着研究的进一步发展，蓝牙技术的应用领域得到扩展，如可应用于汽车工业、无线网络接入、信息家电及其他所有不便于进行有线连接的地方。

蓝牙技术最典型的应用是在个人无线局域网，它可用于建立一个便于移动、连接方便、传输可靠的数字设备群，其目的是使特定的移动电话、便携式计算机以及各种便携式通信设备的主机之间在近距离内实现无缝的资源共享。蓝牙协议能使包括蜂窝电话、掌上电脑、笔记本电脑、相关外设等包括家庭众多数字设备群之间进行信息交换。

蓝牙技术定位在现代通信网络的最后 10m，是涉及网络末端的无线互联技术，是一种无线数据与语音通信的开放性全球规范。它以低成本的近距离无线连接为基础，为固定与移动设备通信环境建立连接，从总体上看蓝牙技术有如下一些特点。

（1）蓝牙工作频段为全球通用的 2.4GHz 频段，由于该频段是对所有无线通信系统都开放的频带，因此使用其中的某个频段都会遇到不可预测的干扰源。为此，蓝牙技术特别设计了快速确认和调频方案以确保链路稳定，并结合了极高跳频速率（1600 跳 /s）和调频技术，这使它比工作在相同频段而跳频速率均为 50 跳 /s 的 802.11、FHSS 和 HomeRF 无线电更具抗干扰性。

（2）蓝牙的数据传输速率为 1Mbps。采用时分双工方案来实现全双工传输，支持物理信道中的最大带宽，其调制方式为 GFSK。

（3）蓝牙基带协议是电路交换与分组交换的结合。信道上信息以数据包的形式发送，即在保留的时隙中可传输同步数据包，每个数据包以不同的频率发送。蓝牙支持多个异步数据信道或多达 3 个并发的同步话音信道，还可以用一个信道同时传送异步数据和同步话音。每个话音信道支持 64kbps 同步话音链路。异步信道可支持一端最大速率为 721kbps，而另一端速率为 57.6kbps 的不对称连接，也可以支持 432.6bps 的对称连接。

二、WiFi 接入技术

随着移动电话、笔记本电脑及个人数码助理（Personal Digital Assistant，PDA）等个人移动设备（Mobile Devices）的普及，无线网络已经逐渐走进了我们的生活。而 WiFi 技术正是提供这样服务的一种关键的无线网络技术。

一般无线局域网 WLAN 能覆盖的范围应视环境的开放与否而定。若不加外接天线，在视野所及之处约 250m；若属半开放性空间，有间隔的区域，则约为 35~50m。当然，若加上外接天线，则距离可达更远，这关系到天线本身的增益值，因此需视用户需求而定。

一般架设无线网络的基本配备就是无线网卡及一台无线局域网收发器（Access Point，AP），如此便能以无线的模式，配合既有的有线架构来分享网络资源。如果只是几台电脑的对等网，也可不要 AP，只需要每台电脑配备无线网卡。

目前，无线局域网主要包含有 WiFi、蓝牙和 HomeRF 等技术。而相比之下，WiFi 技术在性能和价格等方面均超过了蓝牙和 HomeRF 等技术，已经成为无线接入以太网应用最为广泛的标准。

WiFi（Wireless Fidelity）就是 IEEE 802.11 协议族所定义的用于无线局域网（WLAN）的系列标准，是由一个名为"无线以太网相容联盟"（Wireless Ethernet Compatibility Alliance，WECA）的组织所发布的业界术语，中文译为"无线保真"，又称"无线相容认证"。它与蓝牙技术一样，都属于在办公室和家庭中应用的短距无线传输技术，能够在 300ft（1ft=30.48cm）范围内支持 Internet 接入。无线电信号通过连接到宽带的调制解调器，在附近的任何电脑只要安装了 WiFi 接收器就可以上网。可以说它是属于无线局域网范畴的一项实现快速接入以太网的技术。

WiFi 有两种运作模式。一是点对点模式，也称为无中心网络，即 Ad hoc 网络，是指不需要固定设备的支持，各节点（用户终端）自行组网，通信时，由其他用户节点进行数据转发的通信模式。二是基本模式，也称为有中心网络，是指无线网络规模扩充或无线和有线网络并存时的通信方式，它通过无线访问节点将无线和有线结合起来。

三、WiMAX 技术

WiMAX（World Interoperability for Microwave Access），即全球微波互操作，是通过 IEEE802.16 标准一致性和互用性测试的一种无线接入技术。IEEE 802.16 是 IEEE 802 的 16 号工作组，专注于点到多点的宽带无线接入，WiMAX 的应用有以下特点：

（1）作为宽带无线接入应用的 WiMAX 具有逐步投资和弹性部署的特点，网络运营商可以根据用户容量增长的需要，逐步增加投入，扩容到位，实现基本平坦的成本曲线。

（2）网络的规划可以不受地形地貌的限制，布局灵活，同时用户密度较低的地区仍可以较低的成本实现覆盖，以减少初期投资的风险。

（3）网络部署快速，安装和扩容方便，不需要复杂的网络规划，网络结构灵活，尤其在临时性和突发性应急通信中能发挥巨大作用。

（4）作为一种小区半径可达 50 km、接入速率可达 70 Mbps 的宽带无线接入技术，既可作为城域网有线方式的无线延伸，也可作为线缆方式的替代方案。特别是，对于用户密度或业务量不高且分布分散的地区，比线缆方式更具竞争力。

四、ZigBee 接入技术

ZigBee 技术是一种具有统一技术标准的短距离无线通信技术，其 PHY 层和 MAC 层协议为 IEEE 802.15.4 协议标准，网络层由 ZigBee 技术联盟制定，应用层的开发应根据用户的应用需要自行进行，因此该技术能够为用户提供机动、灵活的组网方式。

ZigBee 技术特点：

（1）低功耗。ZigBee 设备处于工作模式时，传输速率低，传输数据量小，信号的收发时间很短；若在非工作模式时，ZigBee 设备处于休眠模式。因此，使得 ZigBee 设备非常省电，ZigBee 设备的电池工作时间可以长达 6 个月到 2 年左右。同时，由于电池工作时间取决于很多因素，如电池种类、容量和应用场合，ZigBee 技术在协议上对电池使用也做了优化。一般情况下，碱性电池可以使用数年，对于某些工作时间和总时间（工作时间＋休眠时间）之比小于1%的情况，电池的寿命甚至可以超过10年。

（2）低成本。ZigBee数据传输速率低、协议简单，且ZigBee协议免收专利费，所以大大降低了采用ZigBee技术的成本。随着Zigbee技术的快速发展，特别是芯片出货量上升，价格会进一步下降。

（3）低速率。ZigBee技术专注于低传输速率应用，其设备速率只有10~250kbps，适合传输温度、湿度之类的简单数据。

（4）近距离。ZigBee设备为低功耗设备，其发射输出为0~3.6dBm，通信距离为30~70m，具有能量检测和链路质量指示能力。根据这些检测结果，设备可自动调整设备的发射功率，在保证通信链路质量的条件下最小地消耗设备能量，基本上能够覆盖普通的家庭或办公环境。

（5）高可靠。ZigBee的MAC层采用CSMA-MA碰撞避免机制，能够提高系统信息传输的可靠性。ZigBee还为需要固定带宽的通信业务预留了专用时隙，避免了发送数据时的竞争和冲突。同时，ZigBee针对时延敏感的应用做了优化，通信时延和休眠状态激活的时延都非常短，通常在15~30ms。

（6）高容量。ZigBee定义了全功能设备和简化功能设备两种设备。对于全功能设备而言，要求它支持所有的49个基本参数；而对于简化功能设备而言，在最小配置时只要求它支持38个基本参数。在每一个ZigBee无线网格内，链接地址码分为16bit短地址或者64bit长地址，可容纳的最大设备个数分别为216个和264个，具有较高的网络容量。

另外，ZigBee还具有自组织、高安全和属于免执照频段等特点和优势。

第五节　集群通信应急通信技术

一、集群通信的概念

集群（Trunking），是一种多用户共用一组通信信道而不互相影响的技术。集群这一技术概念其实已在双向的无线通信领域中被广泛应用。集群通信系统能使大量的用户共享相对有限的频率资源，即系统的所有可用信道可为系统内所有用户共用，具有自动识别用户，自动并动态地分配无线信道的功能，是一种多用途，高效率的移动调度通信系统。

1. 集群通信使用的频率

集群通信的工作频段为800MHz频段，具体为：上行频段为806~821MHz；下行频段为：851~866MHz；邻道之间的频率间隔为25kHz；集群系统中，通信的双方（基站和用户终端）采用两个频率为一组，实现双向通信；一组频点的上下行频率间隔为45MHz。

2. 集群通信的工作方式

集群系统中基站采用双频全双工的工作方式，用户终端则根据不同的工作模式采用不同的工作方式：调度模式下，采用双频半双工方式。电话模式下，若用户终端为全双工类型的终端可采用双频全双工方式；若为单工用户机，则只能采用双频半双工方式。

3. 集群系统的组网方式

模拟集群系统一般采用小容量大区制的覆盖（又称为单站结构），即采用一个基站覆盖整个业务区，业务区半径一般为30km左右，可大至60km，大区制一般可容纳几千至上万用户。模拟联网的集群系统和数字集群系统一般采用大容量小区制的覆盖（又称为蜂窝网结构），即将整个服务区划分为若干无线小区（又称基站区），每个小区服务半径为2~10km。采用该组网方式的系统中频率可以重复利用，而且根据小区分割模式不同可采用不同的频率复用方式。

4. 集群系统的基本功能

（1）具有强大的调度通信功能；

（2）兼备有与公共电话网和公共移动通信网互联的电话通信功能；

（3）智能化的用户移动行管理功能；

（4）智能化的无线信道分配管理、系统控制和交换功能。

二、集群通信系统分类

1. 按控制方式分

按控制方式分有集中控制和分布控制。集中控制是指一个系统中有一个独立的智能控制器统一控制、管理资源和用户。分布式控制方式是指每个信道都有一个单独的控制器，这些控制器分别独立控制、管理相应的系统资源和一部分用户。

2. 按信令方式分

按信令方式分有共路信令和随路信令方式。共路信令是指基站或小区内设定了一个专门的信道作为控制信道，用以接收用户机发出的通信、入网等请求信号，同时传输系统的控制信令，向用户下达信道分配信息和用户通知信息。

3. 按通话占用信道分

按通话占用信道分有信息集群、传输集群和准传输集群。信息集群是指用户完成一次通信后，该信道仍为该用户保留一段时间（一般为 10s 左右），以确保该用户在这段时间内再次呼叫时仍能成功占用信道，如此来保证信息的完整性；传输集群是指当用户完成一次通信后，信道立即释放，以供系统进行再次分配，如此来提高系统资源的利用率；准传输集群是介于以上两种之间的一种集群方式，即信道保留的时间略短于信息集群（一般为 3s 左右）。

4. 按信令占信道方式分

按信令占信道方式分有固定式和搜索式。固定式是指信令信道（控制信道）是系统中固定的一个信道，用户在入网或业务请求时固定向该信道发起请求；搜索式是指信令信道不固定，由系统随机指定，用户每次入网或业务请求均必须搜索信令信道。

三、数字集群在应急通信中的应用

应急通信应用中通常都需要大量的指挥调度工作，数字集群通信有组呼功能、呼叫建立速度快，这些特点使得集群通信系统在指挥调度中的优势明显，同时数字集群通信还支持动态分组、直通、故障弱化等业务和功能，这些业务和功能往往能在应急通信中发挥重要作用。具体内容如下：

（1）组呼。数字集群通信的组呼是以信道共享技术为基础而实现的。理论上，同一基站下，一组人员无论数量多少，只占一对信道（上下行），类似普通移动通信电话的一对点对点呼叫，极大地节省了无线资源。

（2）快速呼叫建立。数字集群通信系统的通话建立时间（从按下通话键至可通话之间的时间）都在 1s 以内，甚至更短。这在一些需要快速反应的紧急事件处理中尤为重要。

（3）动态分组。数字集群通信系统支持各种方式的动态分组功能。发起方可根据需要执行两个组合并、分开、永久或临时加入新的组员等操作。这一功能非常适合多部门协同处理紧急事件的情况。

（4）故障弱化。在某些灾害发生时，通信系统的有些节点可能已经遭到破坏。数字集群通信系统为了保障通话的持续性，支持故障弱化，可以在基站与系统断开联系的情况下，继续维持基站内的各种通信需求。

（5）脱网直通。在基站也无法正常工作或者信号无法覆盖的情况下，集群终端之间还可以脱离网络直接通话，类似于对讲机的工作原理。

第四章　消防应急通信系统

　　由于社会的飞速发展从而带动了我国的工业化、城市化进程不断推进，尤其是消防专业队伍转隶为应急管理部，其承担的任务将会更加多样复杂，其职能已由最初的火灾扑救发展为集社会救助、抢险救援、火灾防控等综合职能为一体的专业化常备救援队伍。而消防应急通信是专业队伍面对各类灾害事故现场进行指挥调度、抢险救援的基础支撑，消防应急通信贯穿灭火与应急救援工作的始终，通信、网络与信息技术手段的应用尤为重要，它能够在跨区域、跨行业和跨部门的信息、物资、调度和通信资源的科学调派等关键时刻发挥着至关重要的作用。

第一节　超短波无线通信系统

一、超短波无线通信网的类型与组成

　　消防救援力量超短波无线通信网是灭火救援指挥和行动通信的基础通信网络，主要包括消防无线常规网、消防无线集群网和消防无线数据通信网。

　　各地根据实际情况，可以选择无线常规网和无线集群网两种模式中的一种进行建设，或两种模式互为补充。

（一）消防无线常规网

消防无线常规网主要设备包括固定和车载转信基站、用户基地台、车载台和手持台。

转信基站：进行覆盖区内的无线信号转发，为不能直接通信的终端提供中继转发服务。固定转信基站一般建在需覆盖区域内制高点，以提供较好的覆盖效果；车载转信台集成在通信指挥车上，可以机动开启，灵活进行补网或中继。

基地台：配置在各级消防指挥中心和消防站，完成消防指挥中心和消防站与救援现场的指挥通信。

车载台：配置在消防车上，完成消防力量在行进中的指挥通信。

手持台：灭火救援现场的各级指挥员、班长、战斗员配置手持台，完成现场指挥和灭火救援单兵间话音通信。

根据现行灭火救援指挥体系，消防无线常规通信网分为城市消防管区覆盖网、现场指挥网、灭火救援战斗网三级网络，一级网和二级网结构如图 4-1 和图 4-2 所示。

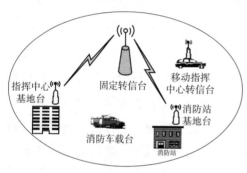

图 4-1　城市消防管区覆盖网系统结构

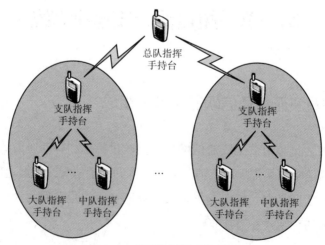

图 4-2　现场指挥网系统结构

（二）消防无线集群网

无线集群网是将无线电通信信道（频率）集中起来，动态分配给不同的专业用户共用的无线电专用通信网。在属地政府机构建设有无线集群通信网的地区，消防专业队伍配备无线调度台（或基地台）、车载台和手持台，以通话组形式加入当地机关350MHz无线集群网络，也可以加入当地政府建立的800MHz数字集群政务通信网，建立消防无线通信虚拟专网。消防专业队伍加入当地政府集群网时，应申请独立编队，个呼、组呼应申请同一队号，入网电台的优先级应适当靠前。在集群网内，消防专业队伍既要服从上级网的调度指挥，又要保持消防专业队伍指挥通信的相对独立性。

（三）消防无线数据通信网

消防无线数据通信网是利用GPRS、CDMA1X以及3G等公众移动通信技术，通过安全隔离措施，将各种消防应用移动数据终端系统（智能终端、手机、便携式计算机、PDA等）与消防信息中心专用服务器以无线的方式进行联网。消防移动用户通过公众移动网接入Web服务器，实现对消防信息的访问和数据传输。

消防无线数据网以总队为单位建设，网络结构如图4-3所示。

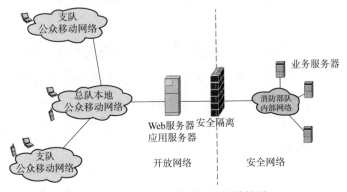

图4-3 消防无线数据网系统结构图

二、无线通信设备配置原则

消防无线通信网络建设主要目标是增加辖区覆盖率，按有关标准配齐固定和车载转信基站、用户基地台、车载台和手持台，确保在本辖区内执行灭火救援作战任务时的指挥通信。无线通信设备的配置原则为：

（1）根据辖区面积和地理环境，合理确定固定转信站数量、天线高度和发射功率，以保证辖区 80% 覆盖，总队、支队至少配置 1 部。

（2）车载转信台配置在移动指挥中心，一般用于通信盲区的应急通信，总队、支队通信指挥车上至少配置 1 部。

（3）指挥中心配置的固定电台数量按实际值守的无线频道数量确定，总队、支队不少于 2 部，大（中）队至少 1 部。

（4）车载台配置的数量根据出动消防车辆数量和各车值守的通信频道数确定，指挥车、战斗车辆每车 1 部，其他车辆视情况配备，逐步达到每车 1 部。

（5）手持台包含备用电池和充电器；配置数量应该按照有关规范标准和现场指挥的实际需要确定，特勤队按照每人一台配置。

根据消防专业队伍的实际情况和业务发展要求，可以制定高档配置和基本配置两种建设方案。直辖市总队、省会和计划单列市支队、特勤大（中）队为高档配置，其他总队、支队、一般大（中）队为基本配置。

第二节　短波电台通信网

短波电台通信网是灭火救援应急通信网的重要组成部分，主要用于大区域、大规模灾害事件（如地震、水灾）发生时快速建立消防应急救援通信网，解决消防通信指挥中心、现场消防指挥部、现场救援分队之间的应急通信联络问题。

一、网络结构

消防专业队伍短波电台通信网结构如图 4-4 所示。按《武警消防专业队伍信息化建设项目网络和硬件分系统实施方案》要求，各消防总队配置 1 套车载短波台和 3 套单兵背负台，并应选配鞭 / 线型等多种天线，以适应不同通信环境。为保证与远距离灭火救援现场车载短波台的通信联络，总队通信指挥中心应架设短波固定台站。

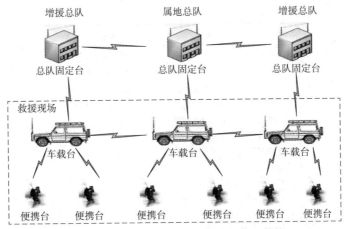

图 4-4　消防专业队伍短波电台通信网结构

二、设备要求

鉴于不同厂商的短波通信设备之间存在通信体制、参数配置等差异，为达到全网互联互通，短波通信设备的基本功能和性能参数应符合消防专业队伍短波通信设备技术要求，如表 4-1 所示。

表 4-1　全国消防专业队伍短波通信设备技术要求

设备名称	技术要求
固定 / 车载电台	性能要求： 1. 信道容量：400 个信道； 2. 频段：发射：1.6MHz~30MHz；接收：250kHz~30MHz； 3. 功率：125W； 4. 温度：-30~60℃； 5. 操作模式：单边带（J3E，USB，LSB，AM）可选 CW； 6. RS232 及数据接口：波特率 300~19200baud； 7. 频率稳定度：优于 0.5PPM； 8. 接收灵敏度：0.12~1.25μV 功能要求： 1. 符合 FED-STD-1045ALE 军标； 2. 具备数字消噪功能，以使干扰最小化及减小噪声； 3. 具备紧急选呼功能，求救信号能够自动地发送到选定的站址； 4. 具备远程诊断功能，电台的装置能通过另外的远端站进行测试诸如信号强度、电池电压和功率等参数； 5. 抗摔和震动特性：符合或超过 MIL-STD-810E； 6. 0~2000km 无盲区动中通（车与基地台）车速要求 100km/h 以上； 7. 配备加密卡

续表

设备名称	技术要求
背负电台	性能要求 1. 频率范围：发射：1.6MHz~30MHz；接收：250kHz~30MHz； 2. 信道容量：400 个信道，10 个网络组； 3. 工作方式：单边带（J3E）USB，LSB；可选 CW； 4. 频率稳定度：优于 0.5PPM； 5. 电池供电时间：必须在 50h 以上； 6. 接收灵敏度：0.12~1.25μV 功能要求 1. 具备内置自动天调系统； 2. 具备数字消噪功能，以使干扰最小化及减小噪声； 3. 具备远程诊断功能，电台的装置能通过另外的远端站进行测试诸如信号强度、电池电压和功率等参数； 4. 配备加密卡

三、通信组网

消防专业队伍的所有车载式和单兵背负式短波电台都组在同一个大网中，网内每部电台统一设定唯一的 6 位数字 ID 码，实现全网通呼、总队子网通呼或任一电台的选择呼叫。为实现通呼功能，第一位和第四位规定为 1，第二位和第三位是单位代码，第五位和第六位（01~99）是由各总队自行分配的 ID 码资源。

（1）全网通呼。全网电台预先设置一组适宜上午、中午、下午等不同时间段的使用频率，当需要呼叫网内所有电台时，可以按通信预案规定，将所有短波电台调谐到同一频点，完成全网连通。也可以由主呼电台键入 100000，完成全网连通。

（2）总队子网通呼。当需要呼叫某个总队的全部短波电台时，由主呼电台键入这个总队 ID 码的前 4 位数字再加上 00，完成总队呼叫。如键入"101100"，即可呼出 ×× 消防总队的所有短波电台。

（3）选择呼叫。当需要呼叫某个（或数个）特定的电台时，直接键入对方电台的 6 位数字 ID 码（呼号）即可。

（4）信息保密性。短波通信没有任何保密性可言，任意一台短波电台，只要使用的频道和我网电台频道相同，那么就可以听到我网的通信内容。因此，全网应严格使用呼号、密语通信，必须配置加密卡。

目前，在重特大灾害事故消防应急通信技术中，对短波通信的应用相对较少。一方面是因为有其他通信手段，在很多时候消防短波通信并没有很大的必要性；另一方面是因为短波通信容易受到天气因素的影响，从而增加了对操作人员的素质需求。因此，对于消防短波通信网络，在少数应急专业队伍中配备即可，并不需要在大规模消防队伍中进行普及。在一些特殊的应急专业队伍中配备消防短波无线通信网络，可以为专业队伍与指挥部之间的通信顺畅提供更多一层保障。

第三节　卫星通信系统

为适应消防专业队伍新时期灭火救援任务需要，实现在灾害事故发生时，保证消防专业队伍垂直的、自上而下的指挥调度通信网络的畅通，提高灭火救援实战通信能力，按照消防信息化建设总体规划和实施方案要求，在结合消防专业队伍卫星通信系统建设现状和实际的业务需求，吸取国家相关部委的建设经验的基础上，消防局和各消防总队、支队集中力量建设了全国消防专业队伍卫星通信网（以下简称"消防卫星网"）。本节主要介绍消防卫星网的构成与功能要求、技术体制、组网模式、业务应用及卫星资源管理方法等内容。

一、网络构成

消防卫星网由消防局网管中心站、31 个消防总队网管分中心站和部局、总队、支队三级单位的移动卫星站组成。

（一）部局网管中心站

在消防卫星网中，部消防局配置大型固定卫星地面站作为网管中心站，统一管理调配消防卫星频率资源、管控全网卫星通信设备，同时也是全网数据通信的中心，与各总队分中心站和所有移动站实现综合业务通信。部局网管中心站主要设备配置与连接关系如图 4-5 所示。

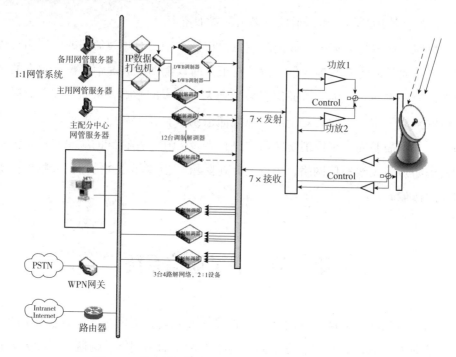

图 4-5　消防局网管中心站主要设备配置与连接关系

（二）总队网管分中心站

在消防卫星网中，全国 31 个消防总队均建有固定卫星地面站作为网管分中心站，在部局网管中心站的管理控制下，实现与总队所辖移动站的综合业务通信。总队网管分中心站主要设备配置与连接关系如图 4-6 所示。

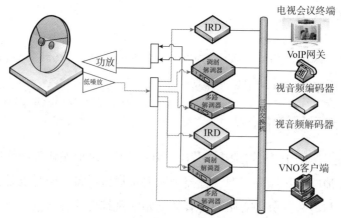

图 4-6　总队网管分中心站主要设备配置与连接关系

（三）移动卫星站

在消防卫星网中，全国 31 个消防总队和绝大多数消防支队、部分大队配备移动卫星站，移动卫星站包括车载站和便携站两种类型。

1. 车载站

车载站一般集成在总队、支队的通信指挥车上，由车载卫星天线、射频单元、基带传输设备等卫星设备和业务终端设备、计算机网络设备及无线电台等通信设备、供电照明等保障设备等组成。

按照卫星天线寻星方式的不同，车载站又分为"静中通"和"动中通"两种。"静中通"站主要应用于静止平台的双向的语音、图像及数据的通信，把静中通天线、车载平台、通信设备集成在指挥车上，是一个功能齐全、可移动的通信指挥中心。"动中通"站通过动中通天线系统，在车辆、轮船、飞机等移动的载体运动过程中实时跟踪通信卫星，不间断地传递语音、数据、图像等多媒体信息，可满足应急通信和移动条件下的多媒体通信的需要。

车载式卫星站基带传输设备配置 1 台 IRD 接收机、1 台调制解调器。需同时接收两路以上的传输业务时，加配 1 台多路解调器。如图 4-7 所示。

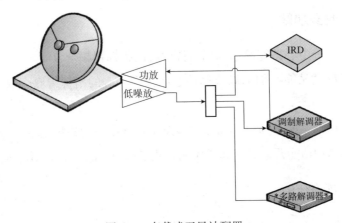

图 4-7 车载式卫星站配置

2. 便携站

便携站主要应用于因自然灾害或事故导致灭火救援现场道路交通阻断、车辆无法通行，或车载站不便展开时的通信。便携站由可拆卸组合的便携卫星天线、射频单元、基带传输设备等卫星设备和业务终端设备、计算机网络设备及电源、设备箱等保障设备等组成。全部设备可装入两个专用背包或包装箱内，能适应单兵携行或多种运输工具搭载。便携站基带传输设备配置 1 台 IRD 接收机、1 台调制解调器，如图 4-8 所示。

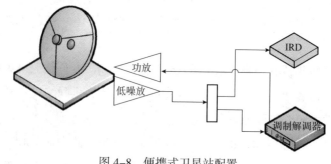

图 4-8　便携式卫星站配置

二、功能要求与性能指标

消防卫星网既要实现消防专业队伍各级单位的卫星地面站之间信息通道的可靠连接，完成各种消防业务信息（主要是调度指挥信息）的传输，也要实现对所有地面站的控制与管理，保证信息的高效、有序传输。

（一）业务功能

（1）总队分中心站能参加部局指挥中心的指挥视频会议。

（2）各移动站能参加部局或属地总队指挥中心的指挥视频会议，上传现场实况图像。

（3）各移动站能参加对部局或属地总队指挥中心的指挥电话业务。

（4）各移动站能开通对部局或属地总队指挥中心的业务应用数据交换业务。

（二）网管功能

（1）网管系统能控制部局中心站、所有总队分中心站、移动站之间建立单跳 SCPC 连接，按照要求组成星状、网状连接，统一管理和动态分配卫星带宽资源。

（2）在网管系统的管控下，各分中心站和移动站能在预订时间自动建立卫星链路，完成电路调度操作。

（3）各分中心站的虚拟网管终端（VNO）可以监视辖区内各站点的工作状态和带宽使用情况，能够控制辖区内站点的工作方式。

（4）网管系统能对网络的运行情况和网络设备的工作状态进行检测记录。

（三）主要性能指标

（1）实现全国范围在同一时段内有2个灾害救援现场或演练现场，每个现场有4个移动卫星站将综合数据业务传输至属地总队指挥中心或部局指挥中心。

（2）部局中心站能支持的最大上行传输速率应不小于8Mbps，总队分中心站能支持的最大上行传输速率应不小于4Mbps，移动站能支持的最大上行传输速率应不小于2Mbps。

（3）每路综合业务数据至少包含4路话音、1路图像和1路数据。每路话音传输速率不小于8kbps，每路图像传输速率不小于512kbps，每路数据传输速率不小于64kbps。

（4）系统可用度达到99.9%，误码率小于 10^{-7}，雨衰模型按照ITU-R标准参考设计。

三、技术体制与组网模式

（一）技术体制

消防卫星网采用频分多址接入技术，具备网络管理、动态组网及按需动态分配带宽等能力。

1. 频分多址（FDMA）

FDMA是卫星通信中常用多址方式之一，它以不同的频率信道实现多址选择，这些信道互不交叠，相邻信道之间无明显的串扰。在通信时，仅以载波频率为特征进行收发，系统简单可靠，适合应急通信组网。

2. 资源按需分配

消防卫星网中，卫星转发器信道资源采用按需分配的管理方法，所有总队分中心站或移动站（远端站）共享卫星转发器的带宽池，部局中心站（主站）网管系统根据各远端站提出的入网申请按需分配信道资源，动态组织建立或撤销各远端站通信链路，控制地面站的上下线、通信带宽以及相关的通信参数。

3. 单路单载波

消防卫星网采用时分复用（TDM）载波，每路信号为单路单载波

（SCPC）。若要在一个远端站上实现与多个远端站的点对点通信，必须配置多台卫星调制解调器。由于收发都只是以频率为特征，所以一个远端站发射的信号可以由多个远端站同时接收。

4.动态管理带宽

典型的SCPC链路为固定数据速率通信，如要增加带宽，就需要手工调整。当在网络远端存在一个通过卫星连接的传输时，动态SCPC（dSCPC）技术为该传输自动建立SCPC载波。根据正在通过连接发送的应用的增加或减少调节载波的大小，并且当应用完成时将远端返回至原状态。当需要实时应用，如网络电话VoIP、电视会议IPVC、广播和大型应用时，为用户提供低延迟、低抖动的专用SCPC连接。

（二）组网模式

消防卫星网的组网模式有两种：一种是总队自组网，即由部局网管中心授权各总队分中心站自行管理监控所辖区域内的移动站，各总队可自行安排定期演练或进行日常救援任务。总队分中心站和移动站之间任意组对建立通信链路，构建网状的通信网。另一种是全国动态组网，即由部局网管中心直接管理控制指挥灾害救援现场所有的固定站和移动站，单跳直连，动态组网。部局中心站能分别与总队分中心站、车载站或便携站建立双向SCPC载波，构建分中心站和移动站到部局中心站的通信链路。

消防卫星网的组网模式如图4-9所示。

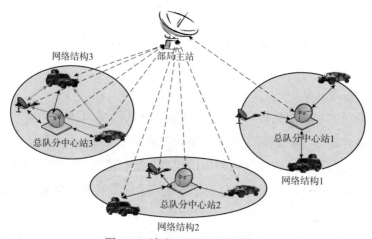

图4-9　消防卫星网的组网模式

消防卫星网采用星状、网状两种结构兼有的混合结构，网络结构为星状网管链路、星状数据广播、网状数据通信链路。

1. 星状网管链路

消防卫星网设置了独立的星状网络管理链路。在总队分中心站或移动站（远端站）向部局中心站（主站）提出入网申请时，远端站与主站处于星状结构的多点对一点通信状态，采用选择性时分多址（STDMA）接入方式工作。所有入境的远端站按照主站网管分配好的时间和时隙同步进行载波发射，这样主站可以分别在各时隙中接收到各远端站的信号而不混扰。当通信业务结束时，远端站释放卫星频率资源。

2. 星状数据广播

主站向远端站进行业务数据广播时，主站与远端站处于星状结构的一点对多点通信状态。这时网管中心站使用数字视频广播（DVB）设备向远端站进行 DVB-S2 数据广播，远端站用 DVB 数据接收机（IRD）接收 DVB-S2 数据广播。

3. 网状通信链路

在网管系统的调度下，实现网内任意两个远端站之间进行 SCPC 的通信。通信网是网状的网络结构。若每个远端站都再多配置一台解调器，可以三点间两两相互间都建立通信链路。

四、业务应用

消防卫星通信网主要承载传输现场实时图像、指挥视频会议、指挥电话业务、数据交换业务等消防业务应用。

（一）图像业务

总队分中心站能参加部局指挥中心的指挥视频会议；各移动站能参加部局或属地总队指挥中心的指挥视频会议，上传现场实况图像。图像业务应用如图 4-10 所示。

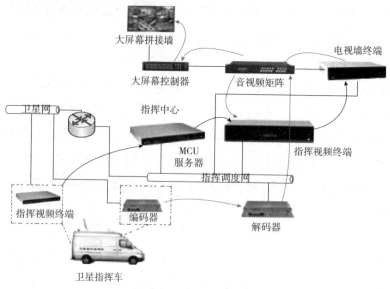

大屏幕拼接墙

电视墙终端

大屏幕控制器 音视频矩阵

卫星网

指挥中心

MCU
服务器 指挥视频终端

指挥调度网

指挥视频终端 编码器 解码器

卫星指挥车

图 4-10　图像业务应用

目前在各类移动指挥中心均安装有指挥视频终端（有的还安装有网络视频编解码器），在总队指挥中心安装有指挥视频终端和网络视频编解码器。图像经前端采集后，通过移动站的指挥视频终端（或网络视频编解码器）编码，经卫星通信网接入图像综合管理平台。其中，指挥视频终端通过网络直接接入图像综合管理平台；配有网络视频编解码器采集的图像，通过矩阵接入指挥视频终端，再接入图像综合管理平台。

（二）语音业务

消防卫星通信网开通的语音业务应用如图 4-11 所示。

1. VoIP 电话链路

卫星语音系统是以建立在卫星通信链路上的 IP 电话为骨干通信的系统，前后方的语音通过 IP 电话连接。

2. 无线语音链路

在移动站安装现场语音综合管理平台之后，将超短波电台和短波电台等与IP 电话互联互通，可以异频呼叫，有线、无线互通。通过现场语音综合管理平台、卫星通信链路、指挥中心语音综合管理平台，将指挥现场话音接入后方消防指挥中心的电话、电台等语音通信系统。

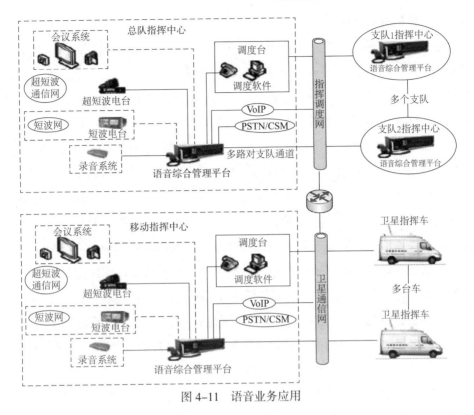

图 4-11 语音业务应用

五、卫星资源与管理方法

（一）卫星资源

消防卫星网的卫星资源，采取长期租用与临时租用相结合的方式，由部消防局统一租用卫星带宽供各总队使用，并与公安部及武警现役专业队伍的卫星资源互为备份。各总队应严格按照部局制定的《消防专业队伍卫星通信网卫星业务使用规程》执行。

（二）卫星网的管理

各级消防信息通信部门是本级消防卫星网的业务主管部门。消防专业队伍新建、改建、扩建卫星地面站，应依据《全国公安消防专业队伍卫星通信网建设方案》《全国消防专业队伍卫星通信网入网技术要求》制定技术方案，并经部消防局审核后方可实施。

加入消防卫星网的卫星站应办理注册手续，由总队统一填写入网申请表，报部局网管中心审批，符合入网条件的卫星站统一编号，标定参数，纳入网管系统。各卫星站应按标定参数运行，不得随意更改设备的配置参数，确需改动的，应在网管中心指导下进行调整。在通信过程中，各卫星站应将载波发射功率控制在规定的范围内，严禁发射超高功率影响其他地球站的通信。

各级消防信息通信部门采用电话、网上登记等方式及时将通信任务事由、开通时间、结束时间、通信带宽等通知卫星网管中心。消防卫星网管中心对于灭火救援通信保障需求，应在接到通知后立即开通；对于灭火救援演练、重要勤务活动、通信设备调试、日常训练或其他用途通信保障需求，应按预定时间准时开通。开通后，网管中心应通过网络等方式实时将当前消防卫星网内已用和可用卫星频率资源、已预定的通信任务等情况通告网内各站。

消防卫星网管中心应按任务性质和紧急程度，管理控制所属分中心站和移动站的卫星频率。当网内卫星频率资源不足时，应优先保障灭火救援应急通信。必要时，由部消防局向卫星公司协调增加临时卫星频率资源。

各级消防卫星通信任务完成后，应及时关闭发射载波。当通信开始或结束时间、通信带宽发生变化时，应及时通知消防卫星网管中心变更。

消防卫星网为非涉密网，不得传送涉密信息。

第四节　消防移动指挥中心

各级消防专业队伍在遂行应急救援作战任务时，除了充分发挥各级固定通信指挥中心的作用实施调度指挥以外，还应依托消防通信指挥车建立移动指挥中心，迅速赶赴灾害现场实施指挥。

移动指挥中心是各级固定通信指挥中心的必要延伸和补充，是可移动的分指挥中心，负责现场指挥通信工作，并与固定指挥中心保持实时的通信联络和信息传递。

按照指挥层次来分，移动指挥中心一般分为部局级、总队级和支队级。

部局移动指挥中心在全国范围内灾害事故现场建立消防专业队伍最高指挥层的消防指挥部，进行跨区域联合作战通信指挥调度。部局移动指挥中心与其他移动指挥中心通过部局固定通信指挥中心进行通信。在同一个灾害救援现场，部局、省总队、城市支队消防指挥部各自完成本级通信指挥业务，相互间采用有线、无线、图像通信装备进行通信。

总队移动指挥中心在本省（自治区、直辖市）范围内的灾害事故现场建立本级指挥层的消防指挥部，进行跨区域联合作战通信指挥调度。总队移动指挥中心与其他移动指挥中心通过总队固定通信指挥中心进行通信。在同一个灾害救援现场，总队、支队消防指挥部各自完成本级通信指挥业务，相互间采用有线、无线、图像通信装备进行通信。

支队移动消防指挥中心在本城市范围内的火场及其他灾害事故现场建立消防指挥部，进行通信组网和指挥调度，在灾害应急救援过程中，在本救援区域灾害事故现场建立消防指挥部，进行通信组网和指挥调度。

一、移动指挥中心应具备的功能

移动指挥中心应集成有线通信、无线通信、计算机通信、卫星通信以及广播扩音等通信设备，应用消防车辆动态管理、消防指挥决策支持、消防情报信息管理、消防图像信息、消防地理信息、消防图文显示等系统设备和应用软件，实现灾害事故现场的通信组网、指挥通信等功能。并具有统一指挥调度功能，当灾害事故发生后，根据需要，能迅速到达现场，利用先进的信息技术手段建立起一整套的调度指挥决策系统，为各级指挥员在现场进行指挥、调度、决策提供强有力和全方位的支持。

（一）现场有线通信功能

（1）能在现场用轻型被覆线临时铺设有线电话通信线路，架设小型电话交换机和电话机，形成现场有线话音通信网络。

（2）能利用现场公众电信网实现现场指挥部与部局消防指挥中心的双向图像传输、话音通信。

（二）现场无线通信功能

（1）保障灭火作战现场范围内（一般为 500~1000m 范围）各级指挥员之间的通信联络。

（2）保证现场各类消防力量协同通信。

（3）与灭火救援应急联动相关单位、各类应急联动力量等协同通信。

（4）能为突发事件处置通信，组织应急通信网；为自然灾害或突发技术故障造成大范围通信中断时，提供临时替代和补充通信手段；为重要的临时现场指挥调度提供应急通信保障。

（5）能实现无线常规通信用户终端的快速入网、信道频率和用户终端的自动配置、动态分组、收发状态的控制（单呼、组呼、群呼、禁收、禁发、遥控监听、遥毙解毙）等。

（6）在无线电通信盲区，采用通信中转台、卫星电话、公众移动电话、现场附近的有线电话等技术装备，保证现场通信不间断。

（三）卫星通信功能

利用卫星通信网，开通对相应固定消防指挥中心的双向干线链路，传输现场话音、数据和图像信息，使部、局领导在紧急情况下，可以"看到""听到"现场的实际情况。

（四）现场实时图像传输功能

（1）具有通过监控、录音、摄像、拍照、记录、短信等方式对事发现场、当事人、重点目标等进行现场信息采集等功能。

（2）通过无线传输技术，提供非视距传输功能（非视距图像距离不少于 500m），将采集到的音视频信息实时传送到移动指挥中心（或火场指挥部）。

（3）具有至少两路的火场摄（照）像装置。

（4）移动消防指挥中心能接收、录制和显示火场图像。

（5）移动图像发射机的供电电池一次工作时间不少于 4h。

（6）具有车载云台摄像功能。

（五）消防车辆动态管理功能

（1）移动消防指挥中心能接收并显示其他消防车辆位置、速度、方向等状态信息。

（2）能下达出动命令或行车路线并可显示其他消防车辆移动轨迹。

（3）能将本车位置、速度、方向等状态信息实时传送给部局固定消防通信指挥中心。

（4）能引导消防车辆快速正确到达灾害现场。

（六）无线数据通信功能

（1）利用无线公网、卫星等技术在灾害现场快速建立无线通信网和移动信息交互平台。

（2）利用无线数据通信技术快速建立灾害现场与部局消防指挥中心无线数据通信链路。

（3）无缝支持各种消防业务应用设备的接入服务。

（4）有网络和信息安全措施以及设备管理、用户管理措施。

（5）移动数据终端设备能提供消防位置定位服务。

（6）移动数据终端设备能查询显示消防专题电子地图。

（7）移动数据终端设备能进行消防情报信息管理设备、灭火救援数字化预案及指挥辅助决策设备的信息交换。

（8）移动数据终端设备能进行现场图像采集、压缩、传输与浏览。

（七）指挥决策室功能

设置会议桌、椅，可供6~10人召开现场视频指挥会议。为指挥员在现场及时了解紧急事件发展态势、查看各种采集数据和现场音视频、调阅历史数据和紧急预案并做出指挥决策提供办公场所。

（八）录音录时功能

（1）能自动识别通话的振铃、挂机信号，一方挂机即自动停止录音。

（2）能自动与中心时间同步。

（3）前台工作不影响后台正常录音，在录音过程中能显示工作状态。

（4）记录的原始话音和时间信息不能被修改。

（5）能以多种方式检索查询记录信息，对选定的记录能在授权终端进行重播、显示、拷贝等操作。

（6）持续录音的总时间不小于400h，可以方便迅速地进行搜索重放。

（九）广播扩音功能

（1）在车内装有调音台、扬声器，音量可分别调节，并配置指挥室对车外及电台的现场广播设备。

（2）能满足指挥员通过广播扩音设备控制火场范围内多级指挥员的统一行动。

（3）能反复播放火场和抢险救援等注意事项。

（十）信息显示控制功能

（1）可以召开视频会议，实现异地会商、听取上级领导指示和专家意见，及时开展各项应急指挥调度工作。

（2）可实时显示现场全景或上级会场情况。

（3）可以显示设备内 VGA 信号。

（4）具有显示消防实力基本功能，如显示消防站名称及其指挥员姓名、通信员姓名、战斗员人数，显示车辆的编号、类型、状态、位置等信息。

（5）具有火警信息显示基本功能，如显示日期、时钟，按日、月、年显示火警统计数据，能显示当前火警的报警电话、出动消防队，显示当前的火灾及灾害事故地点、出动方案，显示气象、温度、湿度、风向、风力等气象信息。

（十一）计算机及网络功能

移动消防指挥中心内部建立计算机网络，计算机网络设备包括服务器、工作站、平板电脑，网络设备。服务器、电脑之间组建局域网，网内各终端之间应能自由交换数据。指挥决策室内除固定的信息端口外，另设置无线接入局域网，并采用相应网络安全措施，且符合国家有关标准，确保数据安全。

（十二）通信系统集成调度功能

将消防用 350MHz、800MHz 常规或集群专网和公用移动通信网等各类通信网络资源进行有效整合，融合成一个大型的、无瓶颈的、网络安全和可靠性更高的集话音、数据于一体的综合通信网，实现现有各通信设备、网络之间的互联互通。具体的调度功能为：

（1）通过一个话音终端可以呼叫有线电话或无线手台；

（2）支持单独进行电话、无线的组呼；

（3）支持同时呼叫多个组形成会议，可以是电话、无线手台的综合会议；

（4）可以对无线通话组进行监听；

（5）可以强插通话组；

（6）可以动态选择多个组进行呼叫；

（7）可以对外进行拨号呼叫，包括专网电话、公网电话、IP 电话、350M 手台、800M 手台、公网手机等。

（十三）现场指挥员指挥终端功能

可以脱离指挥车独立工作、具备现场指挥、信息查询、辅助决策功能。

二、移动指挥中心结构及组成

移动指挥中心属于较高级的指挥场所，要求使用环境条件相对较好。它装载电子设备品种多，占用空间大；既有电子设备舱，又为首长现场指挥提供工作场所；既可市电供电，又能自身发电保证通信设备的正常工作；还应满足设备操作、使用维护方便，性能稳定可靠，展开、收藏迅速，尺寸协调，外形美观等性能要求。因此，移动指挥中心所使用的通信指挥车应采用大型货车二类底盘，通过专业车辆改装厂生产加工而成或采用大中型面包车改装。

根据移动指挥中心的功能，通信指挥车车载设备分为：

（1）消防有线通信设备：包括小型电话交换机、VoIP 语音网关、电话机、被覆线等。

（2）消防无线通信设备（分成话音和数据设备）：由 GPRS 路由器、CDMA

路由器、无线通信基站、无线指挥台等组成。

（3）卫星通信设备：由业务调制解调器、网管调制解调器、IP 接入控制器、IP 加速器、室内单元、室外单元（含功率放大器）、天线、馈源网络、伺服驱动设备、信标接收机、综合网络控制设备以及综合控制软件等组成。

（4）现场实时图像传输设备：由数码相机、摄像机、车载云台摄像机、背负式图像采集传输设备、车载式图像接收设备、车载天线以及升降装置组成。适用于单兵与指挥车之间的传输，采用 COFDM 调制技术，支持非视距传输。

（5）消防车辆动态管理硬件设备：由车载指挥用户机、天线、天线与主机连接电缆及显示与信息处理软件组成。

（6）无线数据通信设备：由移动数据终端设备、消防专用服务器、运维平台等组成。

（7）灭火救援指挥辅助决策支持硬件设备：由服务器、工作站、显示控制设备、显示器、硬盘录像设备等组成，部局级移动指挥中心配置两台工作站和服务器。

（8）消防情报信息管理设备：与灭火救援指挥辅助决策支持系统共用工作站和服务器。部局级移动指挥中心配置两台工作站和服务器。

（9）决策指挥室设备：主要包括会议桌、座椅、投影仪、幕布等。

（10）录音录时设备：包括多路信号接口、多路录音录时卡、记录处理软件及大容量存储设备。

（11）广播扩音设备：由专业功放、多相位高音质全天候专业号筒喇叭、手持喇叭、调音台、扬声器等组成。

（12）信息显示控制设备：由音视频切换矩阵、液晶显示器、多画面分割器、会议电视终端、视频服务器等组成。音视频切换矩阵采用至少 6×6 混合矩阵切换器，支持 VGA 和复合视频格式。

（13）计算机及网络设备：由路由器、网络交换机、加固型笔记本电脑等组成。

（14）综合调度设备：由综合接入交换机、话音／调度／无线综合服务器、GSM 接入电台、CDMA 接入电台、350MHz 和 800MHz 常规或集群车载电台、网络交换机、综合调度台以及综合控制软件组成。

（15）便携式或车载式移动指挥终端：如灭火救援指挥箱等。

（16）供电设备：由发电机、UPS、配电设备等组成。

各种设备组成和连接关系分别如图4-12和图4-13所示。

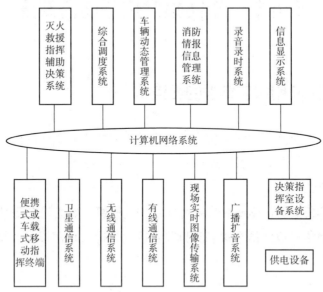

图4-12 移动指挥中心设备组成图

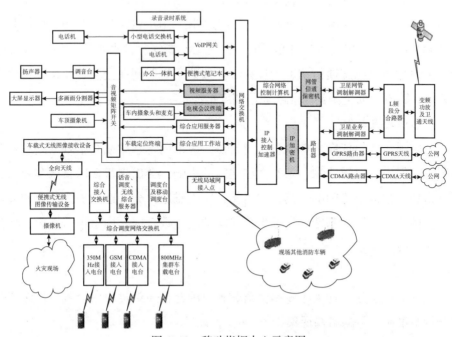

图4-13 移动指挥中心示意图

第五节　消防集群应急通信系统

一、消防应用数字集群的优势

我国消防专业队伍无线通信大多采用常规双频半双工大区网的组网方式，多数城市还加入了当地专用集群网。

1. 调度功能强大

数字集群所具有的组呼、广播呼叫、多优先级、紧急呼叫等功能可以大大改善和解决消防专业队伍在火场和抢险救援现场通信秩序混乱、相互干扰、联络不畅等问题。

2. 组网方式灵活

调度人员可以根据权限任意合并、分拆、创建、删除、添加、组合用户，使组网方式可以根据需要灵活组织。除此之外，消防 VPN 还可与当地城市其他行业和部门（如 110、122、120、电力、气象、煤气、自来水等）的 VPN 互连互通，组建城市应急通信调度指挥系统。如数字集群网在全国普及，即可建立跨地区、跨省市的全国消防无线通信调度指挥系统。

3. 网络覆盖面大

消防无线通信依靠本单位自行建设，一般采用单基站或几个基站来满足覆盖要求。但由于地形地物、各类大型建筑的影响，会出现很多的盲区和死角，而城市数字集群由专门的运营公司承担，实力雄厚，会考虑到多个行业和部门用户群的要求，所建基站数量远大于专网的基站数。因此网络覆盖面大，死角和盲区会减少许多。

4. 信道数量多

共网的信道数量远大于专网信道数量，因此在通信过程中会减少许多因信道数量不足而产生的堵塞现象。

5. 投资维护管理费用大大降低

据有关资料统计表明：若三个不同部门或行业不建设专网，改建一个统一的共享平台，能够节省60%的设备成本，50%的网络实施成本和50%的运行维护成本。城市数字集群系统服务于城市数十个用户群，因此成本会进一步降低。

城市数字集群的建设，为解决消防无线通信难的问题提供了良好的电信环境。消防专业队伍借助于这个良好的电信环境，结合专业队伍的实际情况，能够建设快速反应的现代化消防调度指挥移动网。

二、公网集群（POC）

POC（Push-To-Talk Over Cellular）是将集群通信中的对讲功能引入到移动蜂窝网络中，允许移动电话与一个或多个用户进行PTT通信。手机开通PTT以后，只要按一下手机的相应按钮，就能用自己的手机与被选择的组群实现"一对一"或"一对多"的通话。

消防POC语音系统以移动运营商的移动通信网为依托，利用媒体交换、群组管理、话权控制等技术手段，组成消防移动通信指挥系统，使用POC语音系统能快速地跨省、市区域建立通话，解决消防专业队伍跨区域指挥调度通信困难的问题。

1. 系统功能

（1）群组浏览。用户可以通过POC客户端浏览群组列表内的群组信息。每个群组包含群组标识和群组名称。

（2）一对一会话。发起方可以从联系人列表、群组成员列表中选择一个用户，然后按下POC功能键发起会话，被叫方显示发起方的屏显名称。

（3）临时群组会话。通过选择指定成员发起临时呼叫，建立临时通话。

（4）预设群组会话。发起方从群组列表选择一个预设群组，然后按下POC按键发起会话。被叫方显示主叫方名称以及群组名称。只要有一方加入会话，终端将提示会话建立，发起方可以说话。如果所有的被叫方都未接收呼叫，则呼叫不成功，终端将提示发起方。会话建立后，终端应显示会话内成员列表，以及成员状态。

（5）强拆与强插。调度台话权优先级比一般的手机终端的级别高，所以群组的其他成员正在讲话时，调度员可以强行插话与拆断。

（6）短号呼叫。在 POC 手机终端界面输入需要呼叫的手机短号，按下通话按键，直接发起呼叫。

（7）录音管理。在调度台上选择通话时间，查询该时间段的通话录音。也可通过输入"发起人""参与人""警情名称"来查询录音。

2. 系统组成

消防 POC 语音通信系统由语音调度台、POC 手机终端、网络资源管理平台、POC 接入网关等部分组成。系统拓扑图如图 4-14 所示。

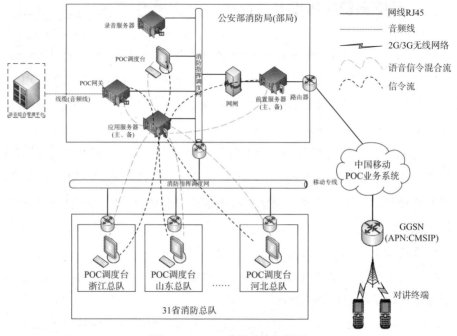

图 4-14　POC 手机系统拓扑图

（1）移动 POC 业务平台。部署于移动公司机房，由 POC 服务器、媒体服务器、计费服务器、群组管理服务器等组成，用于提供单呼、组呼、呼叫控制等功能服务。

（2）部局 POC 分中心平台。由应用服务器、前置服务器、录音服务器、POC 网关组成，通过 2M 数据专线与移动 POC 业务平台互通，提供强插、强拆、状态管理、群组管理等 POC 扩展功能。

应用服务器：安装了应用服务器软件，提供 POC 平台核心业务功能（强插、强拆、状态管理、优先级控制、群组管理），为终端、调度台提供 POC 业务支撑；前置服务器：前置服务器是安装了前置服务功能软件的服务器，提供内外网数据穿透功能；录音服务器：录音服务器是安装了录音功能软件的服务器，提供语音调度台重要录音文件的远程备份功能；POC网关：POC网关是安装了POC语音接入功能软件的工控机，用于语音综合管理平台与POC语音系统进行对接实现互联互通。

（3）各总队指挥中心语音调度台。语音调度台安装了POC客户端软件，通过指挥调度网与部局POC分中心平台和移动POC业务平台实现互联互通。用于手持终端的群组管理、统一调度、录音录时以及强插、强拆、强踢等集中控制。

（4）手持终端。终端上集成了POC软件，通过移动无线接入点（APN: CMSIP）接入到移动POC业务平台。主要提供单呼、组呼等功能，用于现场语音对讲通话及接受总队调度台的指挥调度。

3. 应用模式

消防POC语音系统的应用模式主要有：紧急调度，集群调度，集中管理、统一调度，协同作战、跨区域调度四种。

三、警用数字集群（PDT）

警用数字集群（Police Digital Trunking，PDT）通信系统标准，是由公安部主管部门牵头，由国内行业系统供应商参与制定，借鉴国际已经发布的标准协议的优点，结合我国公安无线指挥调度通信需求，推出的一种数字专业无线通信技术标准。

该标准继承了模拟无线集群通信系统快捷高效的调度指挥能力，除具备大区制组网、全数字语音编码和信道编码、接续速度快、单呼、组呼等调度指挥功能外，还具备灵活的组网能力和数字加密能力；拥有开放的互联协议，能够实现不同厂家系统之间的互联和与MPT–1327模拟集群通信系统的互联。

1. PDT标准主要性能

（1）多址方式：TDMA2时隙；

（2）工作频段：350MHz；

（3）频率间隔：12.5kHz；

（4）调制方式：4FSK；

（5）调制速率：9600bps；

（6）业务能力：语音调度、短消息、状态消息和分组数据；

（7）工作方式：支持单工、半双工和双工通信。

2. PDT 标准技术优势

1）数字信号

PDT 终端采用先进的数字语音压缩技术，可更好地抑制噪声，尤其是在覆盖范围的边缘，拥有比模拟技术更优质的语音质量，这些优点均得益于窄带编解码器的应用以及数字纠错技术。数字处理可过滤噪声并从有损的传输中重新构造信号，用户由此可获得更好的通话效果，更大的覆盖范围，并可自如应对现场不断变化的工作情形。

2）频谱利用率提高，信道数量增倍

PDT 采用 TDMA 双时隙技术，可保留 12.5kHz 带宽并将其分为 2 个交替的时隙，使得单个 12.5kHz 信道支持 2 个同步或独立的通话。每个时隙可作为独立的通信信道运行且具有等同的带宽（6.25kHz），原信道仍可维持与模拟 12.5kHz 信号相同的配置。

这意味着 PDT 可与现有的已授权 PMR 频点完全兼容，因此无需重新配置或重新购买频点，同时还可将 12.5kHz 带宽的容量增加一倍。

在 TDMA 系统中，如果语音通信使用第 1 个时隙，则第 2 个时隙可用于发射应用程序数据，如文本消息等数据，这对于可提供语音和视频调度的调度系统来说相当有用。

3）更省电

PDT 采用 TDMA 双时隙技术，每次通话仅使用其中一个时隙，因此它只需发射器的一半容量，时隙在"交替"使用，这样一来，发射器有一半的时间都会处于闲置状态。例如，在一个常规的占空比中，5% 用于发射、5% 用于接收，而其余的 90% 待机。发射功能将占用大量电池电量，而通过将有效发射时间减半，双时隙 TDMA 可提供比模拟无线通信高出 40% 的通话时间。每次通话的整体耗电降低，工作时间得到提高，充电的间隔时间增长。现代数字设备还包括休眠和电源管理技术，这同样可以增加电池使用寿命。

4）大区制，建网成本低

PDT采用非线性功放、大区制的覆盖技术，该体制主要的技术优势在于：大区制与小区制基站覆盖半径比值为3：1；频谱能量集中，功放效率高，电池更省电；以较少数量的基站即可满足一个城市的集群信号覆盖；较少的基站数量使网络的复杂程度降低，网络安全运行的可靠性大大提高；较少的基站组网可以为客户节省大量的基础设施投入，建网后的运行维护成本和维护工作量大大降低。

5）节约基础设施投资

PDT在常规模式下只需一个中继台、一个双工器和一根天线即可拥有两个信道。与FDMA技术相比，双时隙的TDMA可获得6.25kHz的双倍带宽效率，同时最大限度地减少中继台、合路器和频点使用的投入。两种方法比较如图4-15所示。

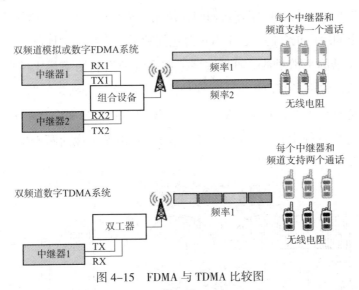

图4-15　FDMA与TDMA比较图

FDMA方式需要为每个信道配备专用中继台，另外还需要增加合路器基础设施以及频点使用的投入。而且，使用合路器会损害信号质量、降低覆盖范围。PDT仅需使用单个中继台即能获得两个稳定的业务信道，无需额外增加中继台或合路器，从而降低PDT用户的基础设施投入，简化建网方案。

6）安全可靠的加密技术

（1）增强通信私密性。在模拟信道上，语音信号很容易被监听。然而，利用PDT先进的数字技术，如果信令或ID（总数达16776415个）不匹配，语音信号是无法被监听的，从而最大限度地确保用户通信的私密性。

（2）支持多种加密方案。PDT标准考虑了加密技术的需求，引入了安全加密技术，支持鉴权、端到端语音 / 数据加密，能提供具有自主知识产权的加密算法、完整的安全加密子系统以及全国网安全加密解决方案，还可根据客户不同的需求提供普密等级、商密等级的信息安全保密解决方案，确保用户信息安全。

7）实现与模拟系统、终端设备平滑过渡

PDT系统采用和MPT系统相似的恒包络调制，终端和系统采用非线性功放，便于实现MPT和PDT系统和终端的多模设计。并且PDT标准在制定过程中保持和继承了MPT的技术特点，可以实现与模拟MPT系统平滑过渡。PDT兼容模拟和数字体制，同一网内模拟和数字用户可同时使用，互联互通；移动终端的编号规则相同，操作方式相同，使用习惯相同；模拟向数字平滑过渡过程中，不影响用户正常使用，平滑过渡包括频谱、系统、常规设备三方面。

（1）频谱的平滑过渡。PDT数字集群系统频谱利用率相比模拟MPT系统提高了4倍，解决了客户扩展无线通信需求的频率资源瓶颈问题，同时用户不用重新申请频谱资源，频率分配完全兼容模拟25kHz带宽向数字12.5kHz带宽的过渡，过渡过程中数模信道可同时使用，无相互干扰问题产生，如图4-16所示。

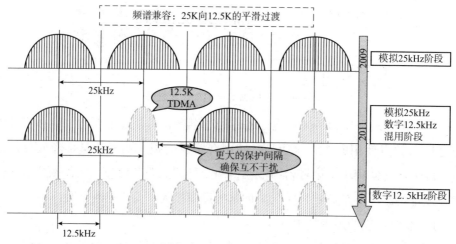

图4-16　频谱的平滑过渡

（2）系统设备平滑过渡。PDT集群系统采用数模兼容设计，支持MPT、

PDT 两种工作模式；支持模拟到数字的无缝平滑过渡。

（3）终端设备平滑过渡。PDT 终端可支持 PDT 常规、PDT 集群、模拟常规、模拟 MPT 集群四种模式，中转台支持模数兼容，具备智能切换功能，能够自动识别模拟数字信号，完成收发中转，全面实现常规设备模拟到数字无缝隙平滑过渡。

8）具备完善的系统互联方案

为了保证不同厂商的 PDT 系统之间能够实现互连互通，满足组建全国性 PDT 网络的需求，PDT 定义系统互联标准，各厂家遵循互联标准接口进行开发，从而实现不同 PDT 系统间的互联。

在传统的基于 TDMA 交换的系统中，网络互连设计时需要进行信令节点分布的设计，在交换节点扩容时要考虑信令的连接，在组网过程中一旦需要增加或减少交换节点数量，需要重新进行设计或对现有的交换节点进行修改，组网复杂，灵活性、扩展性差。

PDT 系统间互联标准基于全 IP 软交换架构，采用 SIP 协议，为 PDT 系统交换节点之间提供统一的接口。采用 IP 软交换，交换节点可以采用任何拓扑结构的平面网状连接，需要增加交换节点时，只需要增加连接接口实现与新增交换节点的互联，不影响原有网络的正常运行。完成 PDT 系统间的互联，如同实现不同地理位置的局域网之间互联一样方便。

除了 PDT 系统与 PDT 系统间互联标准外，PDT 标准化组织还规划制定了《PDT 与 MPT1327 系统互联标准》《PDT 与常规系统互联标准》以及《PDT 与 Tetra 系统互联标准》等一系列异构系统间的互联标准，从标准层面最大限度地保证了 PDT 系统与目前主流的专业移动通信系统的互联互通。

9）更丰富的调度功能

PDT 具有丰富的调度功能，能够满足公共安全、公用事业、工商业等行业的调度业务需求，PDT 除了提供单呼、组呼等基本语音业务，以及短消息、状态信息等基本数据业务外，还规范了丰富的调度业务：电话互联呼叫；GPS 数据上拉；分组数据业务；语音越区切换；呼叫优先级；紧急呼叫；加密和鉴权；动态重组；指令常规；呼叫监听；环境侦听。

10）可扩展的数据应用程序设计

基于全数字化和 IP 软交换这两大特点，使得 PDT 产品具有非常好的可扩展性，PDT不仅能够提供端到端的数字对讲功能，同时还提供了数据业务功能，包括定位系统业务、文本消息业务，遥感遥测业务，数传业务，对讲机控制业务等。另外通过对系统软硬件架构进行合理的规划和设计，可对系统接口进行二次开发，以扩展更多种类的应用业务。

第六节　消防无线同频同播通信系统

一、同频同播通信概述

同频同播网根据所采用链路的不同，分为无线方式和有线方式两种，这里主要介绍无线链路同频同播通信系统。

同频同播网即利用同播技术，在同一个地区布设多个同频中转台，并利用链路设备将各同频中转台信号沟通，从而加大无线对讲网的覆盖范围，提高覆盖区的通信可靠性。建立同播系统必须满足严格的同播技术要求。如果利用多台普通中转台建立这样的通信网，但不采用同播技术，结果往往事与愿违，大大影响了同频差转网的覆盖范围和通话质量。

同播系统在国外发达国家得到广泛应用，但因系统链路多采用有线方式或多频无线方式，以及昂贵的系统控制设备和同播中转台设备，所以在国内很难推广使用，但随着技术的融合与发展，各种经济实用、大范围覆盖并实现良好通话质量的无线同频同播系统得以开发使用。

同频同播系统的多中转台同频同播可实现多方位的覆盖。移动用户所处位置可能受到一方面或两个方面的阻碍，这时还有其他方向的中转信号可以射入，用户仍可得到良好的通信效果。它的多点覆盖，使整个覆盖区场强平均，使用同频同播系统的通信效果稳定可靠。

同频同播系统具有严格的锁频技术，严格的话音选判技术，控制灵活的话音延时同步技术，独特的单频无线链路技术、快速同步抗干扰技术、远程遥控技术。同时，由于可引入卫星（GPS）控制等高新技术，使同播设备的频率锁定在一个稳定的水平。通过设立调度台可以遥控和监控各基站数据及状态（包括基站参数、遥毙、遥控链路状态、遥控基站发射 ID 号码），定时自动检测系统内各基站数据，记录操作内容以及各级权限密码。

二、同频同播通信的特点

（1）判选准确，延迟时间短，同播网建成后用户在使用时和原来的常规差转台的使用效果相同，不会出现因长时间延迟而带来的不便。

（2）系统判选、处理准确，从引起同频干扰的根本点着手，从根本上解决问题，系统通话效果良好。即使在多个信号同时覆盖的交叉区，也能做到如同一个信号覆盖的效果。

（3）系统的兼容性好。同频同播网建成以后，现有的终端设备都可使用，无须新购置终端设备，充分整合了各种资源，减少了用户的投入。

（4）设备选型自由。同播系统的信道机可选用 TKR-850、KG510、MX800等用户认可的各种机型。或是利用用户现有的设备，减少对系统的投入。

（5）站点架设灵活方便。同播基站只需要架设在地势相对较高，确保基站链路能同中心链路沟通的位置即可，能够适应各种工作环境。

三、同频同播通信工作过程

对于同频同播通信系统的呼叫过程如图 4-17 所示，当移动台 A 发出呼叫时，假如同播站 1 和同播站 2 同时收到此信号，系统同时对同播站 1 和同播站 2 的信号进行处理，系统会自动进行信号优劣判选并确定主发同播站，同播主站收到的移动台信号传输到同播中心后，同播中心通过对该信号处理，将该信号发向各同播站，各同播站收到中心的信号，进行精确处理，确定转发时间，再转发到移动台，实现同播。如同播站 1 成为主站，将转发该站收到的移动台信号，其他同播站则成为从站，转发下行信号，从而完成系统的判选和同播，实现了全区域的同频覆盖。其他移动用户呼叫过程与此相同，系统内移动台的每一次呼叫（即每按一次 PTT）均会重复上述过程，即每按一次 PTT 系统就建立一次连接。这样可保证移动台的每一次通话均占用接收信号场强最好的同播基站，从而保证了整个系统的话音质量。

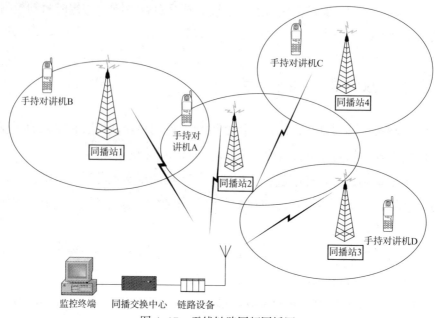

图 4-17　无线链路同频同播网

　　同频同播网的链路采用无线方式，占用一对无线频率。它的优点是：基站选择相对容易不受架设有线链路的条件的限制。但各同播基站和中心基站间必须建立可靠的通信连接，当要覆盖的地域很大或地形复杂时保证链路的畅通有一定的困难，而且链路频率不能受到干扰。

　　无线链路同频同播网的系统结构如图 4-18 所示。

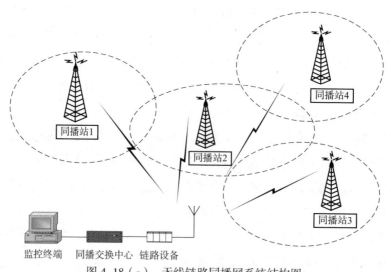

图 4-18（a）　无线链路同播网系统结构图

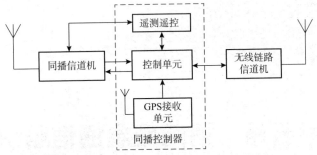

图 4-18（b） 无线链路同播网基站结构图

　　无线链路同频同播网抗干扰的方式：当采用无线链路方式时，链路频率不能受到干扰，一旦链路频率被干扰则整个系统的通话都将受到影响，严重时还会使整个系统瘫痪。抗干扰方式是在链路信号中加入数字信令。同播控制器收到的链路信号中如果没有特定的数字信令，则视为链路中的干扰信号，系统不予转发。

　　无论哪种抗干扰方式，当系统受到严重干扰时，信号足够强以至于接收机不能正确解码数字信令，都会导致相应同播基站不能正常工作。

第五章 消防应急通信组织

消防通信组织是消防工作的重要组成部分，是为保障与灾害相关的信息能够有效传递而对通信活动实施的各种组织与管理。它把有线、无线、卫星、计算机网络等技术根据不同的环境和条件有效地组织起来，使其在传递消防信息、准确受理警情、合理及时地调度警情力量，保持灾害现场通信联络畅通等方面，发挥重要的保障作用。各级消防指挥员应熟悉灾害报警、警情受理、消防调度和现场通信的组织方法与程序，以便更好地完成灭火救援任务。

第一节 消防应急通信组织方法与原则

一、应急通信组织方法

1. 掌控情况，科学预测

掌握情况，科学预测，是指通信保障人员及其指挥机关根据指挥的任务和完成指挥任务的需要，及时、准确、全面地了解、收集与作战通信紧密相关的各种情况、资料，在掌握有关情况和资料的基础上，运用科学的理论和方法进行分析和判断，对作战通信可能的发展和变化作出推断，为正确决策和制定计划奠定基础。

掌握情况，是果断定下决心，实施正确指挥的基础。情况不明了，或者不完全明了，就难以定下决心，即使定下决心也难以实现，甚至遭受损失，从而影响指挥的正确性，最终影响通信任务的完成。科学预测，是充分做好行动指挥的前提。应急通信情况瞬息万变，如不科学预测，提前准备，就很难实施。为此，应急通信人员必须通过各种途径，及时、准确、全面地掌握与作战通信联络紧密相关的各种情况，运用科学的方法，预测通信联络可能发生的变化，迅速制定相应对策。

2. 关照全局，把握关节

关照全局，把握关节，是通信人员及其指挥机关应从作战全局和整体利益出发，对应急通信的各个环节进行整体统筹，并把握其中最关键的问题，正确组织通信人员遂行行动任务。

关照全局，把握环节是科学组织的重要法则，通信人员在组织保障时，要全盘统筹通信需求，统一使用现有通信手段，对各专业队伍各方向作战全过程都有可靠的通信保障，并始终把注意力放在对作战有决定意义的环节和行动上。

3. 统一指挥，整体协调

统一指挥，整体协调，是指应急通信必须实施统一指挥，以统一计划和统一行动，使参战的各种通信力量、各因素形成有机整体，协调一致，整体合力，确保作战指挥信息传递顺畅。

4. 合理用兵，善用战法

通信组织应当根据通信任务需求，对通信力量进行科学编组，合理区分任务，根据不同的现场环境，灵活运用不同的方法组织实施，获得最佳的通信效能。

5. 坚定果断，快速反应

根据已获得的情况和材料，及时、准确地进行判断，果断定下决心，迅速做出反应，实施高效指挥。在组织过程中，只要情况没有变化就要坚决执行上级决定，采取果断措施圆满完成任务。

二、应急通信联络原则

各级消防专业队伍要按照"属地为主、分级负责、遂行保障、纵向调度、横向协调"的原则，建立健全应急通信保障机制，组织实施应急通信保障工作。通信联络基本原则是组织实施通信联络的基本准则，也是通信联络的战术原则，主要包括：

（1）平战结合、确保畅通。是实施快速反应，确保专业队伍抢险救援作战指挥的重要基础，也是应急通信联络的根本目的。

（2）统一计划、按级负责。灾害现场应根据消防专业队伍队处置灾害事故指挥体系的需要，在现场指挥员的统一领导下组织实施，由通信组长负责灾害现场统一组网和通信资源的统一调配。这是通信联络的组织管理原则，是保证通信系统正常运行的关键。

（3）灾害现场消防无线三级网应使用专用的频率和设备，保持相对独立性。

（4）现场、内攻优先原则。消防通信应优先保障灾害现场无线通信，在组网模式、电台设置和配备、等级与频率设置、组号与用户号分配等方面体现灾害现场优先的原则。

灾害现场的通信保障应遵循内攻优先原则，在专属装备的配备、电台和专职通信员的使用等方面体现内攻行动优先保障的原则。

（5）全面组织、确保重点。是计划组织与实施通信联络，顺利完成通信联络的重要保证，是正确运用通信力量时应遵循的原则，是对通信力量的具体运用和体现，是通信保障工作力争主动的重要措施。

（6）以无线电通信为主，综合运用多种通信手段。无线电通信是应急通信的主要通信手段，有时甚至是唯一的通信手段，在组织实施通信联络时，坚持以无线通信为主，综合运用各种通信手段，形成优势互补，充分发挥整体通信效能。

（7）留有备用原则。消防无线组网中的通信频点、通信装备和力量、通信组网设置等方面应留有一定的冗余。

（8）快速反应、提高通信时效。是专业队伍战斗力的重要组成部分，是完成各种任务的重要保障。

（9）周密组织通信装备器材保障。是保持通信联络的持续性，提高通信系统再生能力的重要措施。

（10）主动配合、密切协作。是保证参战通信力量协调一致行动，确保通信联络全程、全网顺畅的重要因素。

第二节 灾害报警与受理

我国把火灾报警的特服号定为 119。目前，灾害报警的主要方式分为有线报警、无线报警、瞭望报警和特殊形式报警。

一、灾害报警

（一）有线报警

所谓有线报警是指通过有线通信设备进行灾害报警的方式，主要包括有线市话报警、有线专线报警和有线自动报警。

1. 有线市话报警

有线市话报警即报警人通过有线市话拨打 119 报警，它具有方便、迅速、可靠、易于普及等特点。凡是有有线电话的地方，都可以通过市内有线电话系统把灾害的信息通过 119 火警线传输到消防调度指挥中心。

受理有线市话报警非常方便，因为它不仅实时提供报警电话的"三字段"信息，即主叫号码、户名、装机地址，而且还可以在电子地图上对装机地址实施定位，大大缩短接处警时间。

2. 有线专线报警

所谓专线，是指在消防重点保卫单位与消防指挥中心之间设置的专用报警线路。专线的敷设方式既可租用电信部门的通信线路，也可敷设专线来实现。目前，租用线路（光缆）的比较多，主要是维护方便，由被租用方提供维护。另一方面，自己敷设施工难度大，造价高，维护不便。

报警时，报警人只要拿起电话，无需拨号就能迅速接通消防调度指挥中心，也就是摘机通话。这种报警方式较之 119 有线市话报警更为迅速、方便、可靠。

3. 有线自动报警

有线自动报警是在消防重点保卫单位设置火灾自动报警网络系统，通过与消防指挥中心建立的报警线路进行报警的一种方式。

一旦发生火灾，报警系统自动（人工）启动设在单位内和消防指挥中心的报警装置及有关联动调度设备。消防调度指挥中心自动显示火警单位名称、地址、重要部位、周围水源等信息，并根据预先设置的方案进行调度并记录建档，从而大大缩短了接警、调度时间，为及时扑救初期火灾创造了前提条件。

（二）无线报警

无线报警是指通过无线通信设备进行火灾报警的方式。这里所说的无线通信设备主要是指中国移动、中国联通、中国电信用户和无线电台等设备，它分为：无线市话报警、无线专网报警和无线自动报警。

1. 无线市话报警

凡是持有手机的用户，不论其用户在何处，只要拨打 119 都可直接接入当地的消防指挥中心，也就是通常所说的就近接入。

手机无线报警与有线报警相比具有快捷、便利、灵活的特点。其缺点一是易受地形地物及移动网络覆盖范围的限制，产生错报；二是只能显示用户的号码，无法显示具体地址。

2. 无线专网报警

公安机关以及有些重点单位为保证指挥调度，选用不同频点和制式组建无线专网。有些无线专网通过有线或无线接入设备与公网互通，一旦发生火灾，持台人员可通过无线专网进行报警。

3. 无线自动报警

无线自动报警是装备火灾自动报警系统的消防重点保卫单位，当火灾发生后，火灾探测设备发出报警的同时将信息传送给无线传输设备，进而传输到消防指挥中心。

（三）瞭望报警

瞭望报警是指利用监控装置或人员在制高点上瞭望，以便发现火情进行报警，是直接发现火灾的报警方式。它分为图像监控瞭望报警和人工瞭望报警。

1. 图像监控瞭望报警

图像监控瞭望报警，是指在城市里一处或多处制高点上设置监视设备，通过有线或微波接力等方式与消防指挥中心建立语音、图像和控制信道。消防监控人员在消防指挥中心通过监控设备进行方向、角度、远近等调整监视。一旦发现火灾，可通过查询确认进行调度指挥的一种报警方式，并可随时将监控情况记录下来备查。

此外，在没有安装图像监控的城市，可以利用交警、重点单位和重点部位的图像监控设备来进行监控。

2. 人工瞭望报警

人工瞭望报警是指在一处或多处制高点派出人员进行人工瞭望监视，通过有线电话或无线通信设备与消防指挥中心建立报警联系的报警方式。

（四）特殊形式报警

1. 来人报警

当人们发现火灾，距消防队比较近，又一时找不到电话或其他通信工具时，直接到消防指挥中心或消防站进行报警。随着通信的发展，来人报警会逐渐减少，在这种情况下，消防指挥中心或消防站要问清火灾地点、燃烧物等情况，出动命令发出的同时，请报警人一起随车出动，引导消防车到达现场。消防车出动后，应随时将处理情况向指挥中心报告。

2. 声光报警

由于情况特殊或受条件的限制，在少数地区和特殊情况下，采用锣鼓、击钟、燃放各种烟火信号进行报警，江河湖海上的船舶上采用灯光、汽笛报警。汽车采用异常汽笛声报警等。

受理这些特殊形式的声光报警，要区别不同情况进行处理。受理公路上的车辆报警时，应问清车辆型号、车牌号、所载何种物品、对周围环境有何影响。受理船舶报警时，要问清停靠的码头、国籍、吨位、燃烧的物资、燃烧的部位等情况。

二、警情受理

警情受理通常也称接警，是指通过各种信息渠道，接收和处理灾害情况报告的过程。这一过程从判识启动信号、接听报警开始，到消防调度部门掌握基本警情信息结束。

（一）警情受理的方式

1. 消防专业队伍独立受理方式

按接警区域的划分方法，分为集中接警、分散接警、集中接警结合分散接警三种方式。

1）集中接警

集中接警是指在消防行政责任区内，只设置一处火灾报警受理点，在其责任区内发生的火情、火警报告，均由该点集中受理。所报火灾地点属于哪个责任区中队，指挥中心就将出动命令用语音或数据方式发至该中队。

集中接警方式适合经济发达、人口密集、地域相对集中的城镇地区。这种方式的优点是：接警机构专业化，准确度高；处理警情程序化，易于实现自动化调度指挥；消防队伍调度集中化，便于科学组织灭火力量，提高灭火战斗的成功率。该接警方式是我国城市接警的主要方式。

2）分散接警

分散接警是指在本消防责任区内，独立受理该责任区内的火灾报警。中队通信室只要接到报警均由本责任区中队出动。需要增援力量的灾害现场再向指挥中心汇报，这种方式能大大缩短第一出动的时间。

这种接警方式的缺点是对接警人员要求高、不宜实现调度指挥自动化，不利于提高大型灾害事故协同作战通信保障能力。

3）集中接警结合分散接警

集中接警结合分散接警是两种接警方式的组合形式。通常在大、中城市行政管辖地域面积较大，中心区以外的郊区（县）范围广、距离远的情况下实施。具体形式一般是在城市地区按集中接警方式组织警情受理，而在郊区实行分散接警。

从我国目前消防通信的现状看，宜以集中接警为主，特殊地区集中接警与分散接警相结合的方式，这样有利于消防接警系统向现代化方向发展。

从发展的趋势看，特别是随着应急管理部的成立，消防的接处警系统建设和接警方式将会发生一定的转变。

（二）警情受理的方法

如何迅速准确地受理灾害，及时掌握发生灾害的确切地点和具体部位，了解灾害种类和规模，为调集灭火救援力量提供基本信息。因此，掌握必要的火警受理方法尤为重要。火警受理的方法可归纳为"一问、二听、三记录"。

1. 问——向报警人询问有关灾害的基本情况

由于报警人一般是受灾单位或与其有关的当事人，往往心情紧张，常常语无伦次。为了弄清灾害情况，接警人员应采用发问的方式引导报警人有层次的报清灾情。主要的方法可以归纳为以下三大类：

第一类询问灾害地点。

询问灾害地点是整个警情受理最重要也是关键的环节。城市中的道路有的很长，横跨几个不同的行政区域，不属于同一个消防责任区。在询问这类地点报警时，一定问清靠近什么地方，避免南辕北辙，贻误战机。具体的询问方法是：

灾害地点？具体地址、道路名称是什么？门牌号码是多少？靠近什么地方？

火灾地点距离哪个明显参照物（重要建筑或单位、道路、街区等）近？在它的什么方位？有多远？

你在什么地方报警？灾害地点离你所在地点有多远？等等。

第二类询问火灾种类和规模。

什么东西起火了？你知道着火的是什么吗？

着火的是房屋吗？干什么用的？里面有人员被困吗？是楼房还是平房？第几层楼房？一共多少层？什么结构的（闷顶木质、平顶砖混、钢架等）？里面有什么东西？大概有多少？火势大吗？有爆炸声吗？火焰（或烟雾）是什么颜色的？能看到火光吗？附近有危险物品吗？易燃、易爆物品种类、数量？等等。

第三类询问相关情况。

报警人姓名：您贵姓？叫什么名字（怎么称呼）？电话号码？报警电话并非是机主。

以上问题中，不一定每次接警都要条条问到。接警人员应以确实掌握基本情况为原则，适时发问，学会插话，必要时打断对方答话插问。需要注意的是提问的语气既要急促又要镇定平和。前者是为了迅速掌握情况并让报警人感到消防部门对报警的重视程度，后者是为了安定对方情绪，避免差错。

2. 听——听辨报警人描述的火灾实际情况

当报警人语气急促、口音含混、描述混乱时，应注意听清起火点、火势大小等关键性问题；当遇到报警人使用地方话或方言报警时，可请懂该种语言或者有经验的人员接听报警；当电话质量差、电话中杂音大、声音小时，应注意多听少问，悉心静听。

3. 记——记录报警内容

现在绝大多数指挥中心都是计算机接处警系统，出车单也都是固定的格式，接警员根据报警人的描述进行录入，录入实际上是与听同步进行的。

（三）警情受理的程序

报警人通过不同的手段报告火警，对于接警来说处理程序有所区别，但在主要环节上都是一致的。以119火警电话报警为例，其受理火警的程序如图5-1所示。

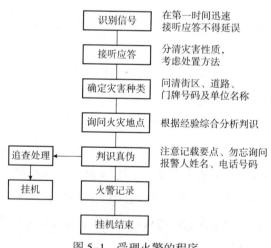

图5-1　受理火警的程序

一般情况，受理火警的过程不是由一个严格的程序来规范的，它往往与受理人的经验、习惯有直接关系，各地消防专业队伍有比较具体的规定和好的做法。

1. 警情接受

当119呼入时，计算机接处警系统首先是有声光提示，几个接警台同时振铃，调度员在任一席位上均可摘机应答。同时，电子地图屏就会显示以该报警电话地址为中心，半径为200m的地理信息，图中所有的道路、消防重点单位、消火栓等与消防有关的信息。文字屏就会显示报警电话的"三字段"信息。如果该报警电话就是发生火灾的单位或地址，那么，所属责任区中队立刻显现，接警员用鼠标点几下，输入简单的信息就可以发送出车单，完成这一报警。当报警电话不是发生火灾的单位或地址，那么接警员在文字屏上输入起火单位或在电子地图上选中即可。

2. 警情辨识

对于119报警，既存在报警点不一定是灾害事故点的问题，又存在误报的问题，还有一些报假警或骚扰电话问题。所以，调度员在接警应答时，应首先确认是否是真实的灾害事故和真实的灾害事故地点。

警情辨识主要有以下几种方法：

1）误码拦截

即在电信部门的汇接局或指挥中心的接警系统对报警电话进行拦截识别，如超过3位码或不是119的电话即不让其进入119接警系统。通常所说的四位拦截，也就是说系统判断拨完三位数字后，还有没有号码，如果还有系统就将该号码拦截，使其不能进入119接警系统，从而大大减少误报。

2）语音提示

在系统中设置报警电话语音提示，当系统接到报警电话时，系统自动应答"这里是119接警台"提示对方。一般情况下，如属误报或误拨，拨打者则会立即挂机，这样可有效减少误报率。

3）被叫锁定

对119报警电话，采用被叫控制方式，也就是说当接警台不挂机，主叫则不能挂机，保证系统能查清火警的地点、火灾类别、火情大小。必要时还可反叫主叫。主要是预防报警人因慌乱在讲不完的情况下提前挂机，也是接警员继续了解火灾信息的一种方式。

4）市话数据库自动查询

当119入中继采用中国七号信令时，主叫号码会自动显示，也就是"打一送一"方式。而其他信令则需要到市话数据库查询。

当接到报警电话，需要确定报警电话的号码（主叫号码）户主和装机地址时应查询市话数据库。市话数据库自动查询有本地数据库查询和远端数据库查询两种形式，这两种形式适应不同等级的城市，本地数据库查询适合于大中城市以下的系统，远端数据库查询适合于特大城市。

（四）警情受理的基本要求

各级 119 指挥中心是消防专业队伍面向社会的火警信息收集窗口。受理警情是消防部门的基本职责。做好警情受理工作的基本要求主要是指两个方面：一是对接警人员的素质要求；二是对接警工作的质量要求。

1. 对接警人员素质的基本要求

（1）热爱消防工作，有强烈的事业心和责任感。

（2）吃苦耐劳，能承受长期火警值班枯燥、重复工作的考验。

（3）思维敏捷，反应迅速，口齿清楚，听力正常。

（4）熟练掌握计算机接处警系统的操作方法，正确维护电子地图和其他数据信息。

（5）熟悉消防业务，了解消防装备的名称、性能、分布，有一定的灭火行动经验，具备火场自救、互救、逃生的基本常识。

（6）掌握接警区内各消防站和有关消防部门的分布情况，熟悉各责任区的划分，了解重点单位的灭火预案。对城镇地理、道路交通情况心中有数，脑中有图。

（7）熟悉掌握消防通信器材的操作使用方法，熟悉通信联络组织和应急调整方案。能熟练使用常用的通信呼号和勤务用语。熟记常用的电话号码。

2. 对接警工作的质量要求

对接警工作的质量要求主要体现在"快"和"准"这两个字上。

所谓"快"就是迅速完成接警过程，为调度消防力量出动，最大限度地争取时间。

所谓"准"就是与出动有关的接警内容一定要听准弄清绝对不允许出现差错。

在处理"快"和"准"的关系上应以"准"为前提，否则会由于接警失准造成错误调度的严重后果。

第三节　消防调度

消防调度是指为实施灭火救援行动而对消防力量进行的调集、指挥、组织、安排、调配的过程。这里所说的消防力量主要是指人员、车辆、装备、物资等。不同类型的火灾或灾害事故所调集的力量不尽相同，如：海啸、地震、洪水等灾害事故，就需要大量的食品、药品、帐篷等物资。但不管什么样的灾害事故，事故现场总需要在最短的时间内将各种参战人员、装备及物资调集到位。同样，那些先进的车辆、装备，如果不在最需要的时候调集到位，也难以发挥它们的作用。当火灾发生的时候，能否将火灾现场急需的各种力量及时、准确地调集到位，与火灾的成功扑救密切相关。因此，消防调度在整个灭火行动中具有非常重要的地位和作用。

一、消防调度的基本程序

消防调度是在明确灾害类型和等级之后，由指挥中心调度人员实施的消防力量调配过程，一般包括下达出动指令、视频监控、指挥调度、作战记录等基本内容。

（一）下达出动指令

调度人员在确定灾害地点、灾害类型和灾害事故等级后，通过自动或人工方式编制出动方案，根据接警掌握的灾害情况迅速向相关中队下达出动指令，第一时间将首批消防力量调度到灾害现场。

（二）视频监控

消防力量出动后，调度人员可以通过视频系统查看中队的营区、车库，检查出动指令的落实情况。车辆安装 GPS 系统的单位可以在 GIS 地图上跟踪车辆到达位置和行车路线，安装 3G 图传系统可在指挥中心大屏幕上观察车辆的行驶状态，便于执勤车辆的动态指挥。

（三）指挥调度

调度人员根据现场反馈的信息，调整出动方案，适时调派增援力量，在本单位实力不足的情况下向上级指挥中心发出增援请求，并协助组织增援。并准确及时向上级指挥中心反馈现场信息。

（四）作战记录

对整个接处警及调度全过程的语音、数据、图像等信息进行整理，较大以上火灾和应急救援还要对警情调度工作进行研讨和总结，存档备考。

调度指挥中心作为消防专业队伍指挥部门，应具备辅助指挥的功能，为现场指挥员提供各种参考信息；指挥中心必须遵循信息收集、分析研判、决策支持、指令下达和信息反馈等基本运作程序。

1. 信息收集

灾害事故具有突发性和偶然性的特点，指挥中心应利用通信等多种手段，迅速收集接警信息、处置信息、图像信息、舆情信息、气象信息及辅助指挥所需的其他信息等，全面掌握灭火与应急救援紧密相关的情况。

2. 分析研判

分析研判是运用科学严谨的研究方法，对各种情报线索、零散脱节信息进行深度加工整理与关联，产生一个预测性或判定性结果的过程。

3. 决策支持

指挥中心应通过多种手段和途径，及时为指挥员提供信息收集和分析研判结论，提供科学实时的决策支持。

4. 指令下达

指挥员的指令主要包括处置指令、行动要求、指示精神和其他指令等。当指挥员发出指挥指令时，指挥中心要坚决贯彻落实指挥员的意图，准确、迅速下达指令，并注意做好以下三点：

（1）指令下达时要做到坚决、果断，内容要简明、扼要。

（2）指令下达的手段主要包括简易传递手段、有线传递手段、无线传递手段和网络传递手段。在指令下达时，指挥中心应运用各种信息传递手段，使被指挥者明确任务和要求，保障灭火指挥系统的高效运转。

（3）指挥中心进行指令下达的同时应做好记录，将指挥员下达指令的内容，下达的时间记录备份。

5.信息反馈

指挥中心进行辅助指挥不是一个单向的工作流程，它伴随着整个作战行动自始至终。指挥中心要不断根据新的情况，利用辅助指挥的原则和方法，实时做好信息反馈，直至灭火与应急救援处置行动的顺利完成。

二、消防调度的组织形式

消防调度的组织形式是由所采用接警方式决定的。当采用集中接警方式时，消防调度由消防总队、支队的调度指挥中心统一组织实施；当采用分散接警方式时，消防调度由消防中队的电话室组织实施。当调度两个以上中队力量出动时，必须在第一时间内向支队调度指挥中心报告。支队调度指挥中心有权对本支队行政区域内的所有消防力量进行调度指挥，需要增援的中队必须先报支队调度指挥中心，由支队调度指挥中心下达增援命令。

（一）消防总、支队集中调度

消防总、支队通常在机关办公大楼设有消防调度指挥中心。调度指挥中心的职责有两条：对外完成警情受理；对内实施调度指挥。

当接警员接到火灾报警后，在按火警受理程序问清起火地点、有无人员被困、燃烧物质、火势等基本情况的同时，快速录入（填写）出动命令（出车单），并立即将出动命令发送至该责任区消防中队。出动命令主要包括：火灾地点、接警时间、报警人姓名、电话、燃烧物质、出动车辆的数量、种类、电子地图、注意事项等。若遇政治影响大、人员密集场所的火灾报警，必须在发送出动命令后，迅速向当日现场总指挥报告。当调动两个以上中队参战时，调度员应发出出动信号，支队现场值班首长应随移动指挥车赶赴火灾现场实施指挥。责任区中队第一出动力量出动后，指挥中心应与其保持不间断的通信联络，将随时了解的火灾现场的信息实时地传递给赶往现场的中队指挥员。及时向当日现场总指挥报告全面情况和灭火行动进展情况，根据当日现场总指挥的指示，完成后续调度任务，直至扑灭火灾参战力量返回中队。所有经支队指挥中心调度的力量，在返回中队后，都要将归队时间上报支队指挥中心。当火灾现场有人员伤亡时，应将伤亡人员的数量、姓名、性别、年龄、职业等基本情况按消防局规定的上报时限，逐级上报。

（二）消防中队独立调度

消防中队在分散接警的情况下，独立完成本辖区范围内的消防调度。采用分散接警的中队，多数是在离城市中心较远的县级市。目前，在县级市的119接警台纳入"三台合一"，但消防力量的调度应由消防中队独立实施，不同类型的火灾现场需要调度不同的车辆装备。当分散接警的消防中队接到本辖区内政治影响大，人员密集，可能造成重大损失的火灾报警后，在向本中队值班指挥员汇报的同时，向支队调度指挥中心报告。报告的内容应包括起火单位，火灾地点，有无人员被困，燃烧物质，中队出动力量等情况。当分散接警的消防中队接到支队指挥中心增援辖区以外的火灾现场指令时，应不折不扣地贯彻执行。

三、消防调度的方式

消防调度的方式是指调度消防力量所采取的途径。其方式主要分为有线调度和无线调度。

（一）有线调度

所谓有线调度是指通过有线传输语音或数据从而下达出动命令的调度方式。主要包括语音调度和数据调度。语音调度主要是指通过有线市话或专线电话发送语音下达出动命令的调度方式。数据调度是指将出动命令以文本的形式通过有线网络发送至消防中队。为确保出动命令的准确到位，万无一失，语音调度和数据调度通常一并使用，即在下达出动命令的同时接通语音。在消防调度实践中，有线调度具有可靠、稳定、清晰、便利的特点。是目前全国消防专业队伍普遍采用的一种调度方式。

（二）无线调度

无线调度是指利用无线电台下达出动命令的一种调度方式。具有灵活、快捷的特点，但调度质量易受地形地物等环境影响。不具备有线调度的地区，利用无线调度是很好的补充。无线调度指挥在各类火灾及抢险救援中具有有线调度不可替代的重要作用。参战力量驶离中队执行灭火救援任务时，不间断地接受指挥中心的无线调度指挥，以传递各种消防信息。

以上两种调度方式互为补充，视具体情况灵活使用，使其达到完美结合，确保各种消防信息的有效传递。

四、消防调度的要求

消防调度的要求，归纳起来有十六个字：加强首批，力量适度；审时度势，增援迅速。

（一）加强首批

加强首批是指加强第一出动。接警后调出的第一出动力量通常是最先到达火场，最早投入灭火行动的力量。此时的火灾往往是燃烧的初期阶段，要迅速控制火势，最大限度地减少火灾损失，足够的到场力量是前提条件。特别是接到零点至凌晨5点之间的火灾报警，更要注意加强第一出动力量调度。因为此时的火灾往往是发现晚、报警迟而已燃烧至猛烈阶段，对这类火灾不仅要调动足够的灭火力量，一些特种车辆如照明车也应一并调集到位。调动第一出动力量时，调度指挥中心应尽可能多地为第一出动的指挥员提供有关消防信息。并且引导第一出动力量选择最佳行车路线，在最短的时间内到达火灾现场。

（二）力量适度

力量适度是指调集的消防力量既不能太多，也不能太少，力量要适中。当然，调度消防力量的"度"是比较难把握的。即便是按预先制定的调车方案也很难做到力量适度。因为，每一起火灾的火场范围、火势大小、气象情况、现场环境等都不尽相同，这样就需要调度员根据经验灵活掌握。基本要求是宁多勿缺。

（三）审时度势

调度时机的确定是建立在对现场情况了解和掌握的基础上的。应根据消防车辆的行驶时间、天气情况、道路交通、周围环境等要素综合考虑，适时调出消防力量，过早会造成忙乱，过迟则贻误战机。

（四）增援迅速

首批力量出动后，调度工作的重点应放在增援力量的调度上，增援调度的形式有两种：一是预见性增援；二是应要求增援。随着通信的发展，对于同一起火灾，报警人数逐年增多。调度员在接到首次报警调出第一出动力量后，应根据报警电话陆续报来的有无人员被困、火势大小、周围环境、能否控制等有关信息，综合分析考虑已调出的灭火力量是否合适。如察觉力量欠缺，就要立即补调增援力量出动，以保障增援及时、迅速，这就是预见性增援。预见性增援主要是调度员根据报警人对火灾现场的描述和调度经验作出的。

当第一出动力量到场后，现场指挥员根据火场侦察结果提出增援请求，调度指挥中心实施的调度增援力量属于应要求增援。当调度员接到现场指挥员的增援要求时，应迅速按现场要求进行增援。由于现场指挥员忙于火灾扑救，再加上火灾现场相对比较混乱，作为调度员应及时提醒现场指挥员是否需要增援，以便争取增援时间。把火灾现场最需要的车辆、装备及时准确地调集到位。使灭火行动在优势兵力下尽早结束，从而减少火灾损失。而迟缓的增援，往往会失去增援的意义。

五、出动方案的编制

（一）出动方案的编制依据

公安部"十五"科技攻关项目《城市火灾与其他灾害事故等级划分方法和灭火救援力量出动方案编制技术》对城市火灾和其他灾害事故进行了分类分级，形成了火灾等级出动方案标准和灾害事故等级出动方案标准。它是火灾及其他灾害事故消防调度的主要依据。具体标准见表5-1和表5-2。

表 5-1 火灾等级出动方案标准

火灾等级	一级（蓝色）	二级（紫色）	三级（黄色）	四级（橙色）	五级（红色）
出动车辆数（最低配置）	1~3 辆	3~9 辆	6~18 辆	12~24 辆	24 辆以上
1 普通建筑	*1 水	3 水 –1 抢	6 水 –1 抢	12 水 –2 抢	24 水 –2 抢
2 高层建筑	2 水	*6 水 –1 抢 –1 登	8 水 –1 抢 –1 登	12 水 –2 抢 –2 登	16 水 –2 抢 –2 登
3 地下空间	2 水	*4 水 –2 泡 –1 抢 –1 照	5 水 –3 泡 –2 抢 –2 照	8 水 –4 泡 –2 抢 –1 照	12 水 –4 泡 –2 抢 –1 照
4 油类火灾	1 水 –1 泡	*4 水 –2 泡 –1 抢	4 水 –4 泡 –1 抢	6 水 –6 泡 –2 抢	9 水 –7 泡 –2 抢
5 气体火灾	2 水	*6 水 –1 抢	8 水 –1 抢	12 水 –2 抢	16 水 –2 抢
6 露天堆垛	3 水	*4 水 –1 抢 –1 高	6 水 –2 抢 –1 高	10 水 –2 抢 –2 高 –1 运	14 水 –2 抢 –2 高 –2 运
7 交通工具火灾	3 水	*3 水 –2 泡 –1 抢	4 水 –4 泡 –2 抢 –1 照	6 水 –6 泡 –2 抢 –2 照	8 水 –8 泡 –2 抢 –2 照
8 一般性火灾	*1 水	—	—	—	—

表 5-2 其他灾害事故等级出动方案标准

灾害事故等级	一级（蓝色方案）	二级（黄色方案）	三级（红色方案）
出动车辆数	1~3 辆	6~9 辆	12 辆以上
1 交通事故	1 水 –1 抢	4 水 –2 抢	8 水 –4 抢
2 倒塌事故及市政公用设施故障	1 水 –1 抢	4 水 –2 抢	8 水 –4 抢
3 化学危险品泄漏	1 水 –1 抢 –1 化	2 水 –2 抢 –1 化	8 水 –4 抢 –2 化
4 爆炸事故	—	3 水 –2 抢	8 水 –4 抢
5 自然灾害	—	3 水	12 水
6 恐怖事件	—	—	12 水 –4 抢

（二）出动方案的编制方法

1. 系统编制

1）自动编制

依据《消防通信指挥系统设计规范》的要求。受理报警时，在明确灾害的地点、类型及辖区中队等后，系统能根据这些基本要素自动生成出动方案。如对于一般火灾，系统自动编制第一出动方案；对于消防安全重点单位火灾，系统能自动调出该单位的灭火作战预案；对于灾害事故抢险救援，系统能自动调出相应的应急联动出动方案。

2）临时编制

当报警提供的基础数据不完整，无法在短时间内弄清灾害事故的类型和规模，不具备自动生成条件时，系统可在灾害事故信息辨识确认过程中，按照系统出动方案编制专家系统中有关灾害类别、灾害规模、执勤实力状态、气象条件、地理环境、灭火战术等提示，临时编制出动方案。

2. 人工编制

未建设消防通信指挥系统或采用分散接警方式的消防执勤单位，接处警中，调度人员应根据灾害类别、出动等级标准、执勤行动预案等要素，人工编制出动方案。

六、消防调度的方法

消防调度的方法可分为第一出动力量调度方法和增援力量调度方法。

（一）第一出动力量的调度方法

1. 按执勤行动预案调度

执勤行动预案是对灭火作战、应急救援和大型活动现场消防勤务等做出的预先筹划和安排的作战文书，是结合现有装备和灭火救援力量而拟定的作战行动方案。接警调度人员接到重点地区、重点单位或重大活动时发生火灾或其他灾害事故报警时，应立即按照执勤行动预案调度灭火、应急救援力量。

2. 按灾情等级调度

接警调度人员接到灾害报警后，按照接警所掌握的情况，按照灾情等级，迅速调派第一出动力量实施灭火、应急救援行动。并充分分析研判灾情类型特点，灾情发生、发展的程度，被困人员状况，火灾扑救和应急救援难度等情况，为第二梯队增援力量的调度和集结做好准备。

3. 按上级领导部门的指示调度

消防专业队伍除承担火灾扑救、应急救援任务外，还承担着参与处置突发事件和地方人民政府下达的其他各项突击性任务。上级领导部门下达的力量调度指示，消防部门必须坚决执行，并按照要求，立即调度消防力量。

（二）增援力量的调度方法

1. 预见性增援调度

预见性增援调度是指在第一出动力量到场前，消防指挥中心根据陆续报来的同起警情，综合分析研判，预感到已调出的力量不足时，及时对第一出动力量进行调整或补充，确保足够的消防力量参加灭火和应急救援行动。

2. 按首长指示调度

在实施警情调度过程中，接到首长对处置此类灾情的指示命令时，接警调度人员应迅速按照首长的指示实施调度，并及时向首长报告落实情况。同时，搜集现场有关信息，主动向首长提供足够的辅助决策资料，以保证灭火救援组织指挥工作的顺利进行。

3. 按现场指挥员要求调度

现场指挥员根据现场灾情态势作出行动决策时，有时会提出增援要求，包括要求增派战斗车辆、特种车辆和装备、社会协同力量等。接警调度人员应按照现场指挥员的要求和调度程序及时调度相应力量到场。通常情况下，指挥中心应提示现场指挥员是否需要增援力量，以便缩短增援力量到场时间。

（三）跨区域调度方法

跨区域调度是指在灾害发生地区灭火力量难以独立处置管辖区内发生的重特大灾害事故或突发事件的情况下，通过上一级机关跨省、跨地区调度消防力量联合作战，共同完成灭火救援任务，以实现人员、技术装备、灭火剂等消防资源共享的一种调度行为。

1. 跨省、自治区、直辖市调度

跨省、自治区、直辖市级的指挥调度由灾害发生地所在省、自治区、直辖市级消防机构向部消防局提出增援请求，部消防局根据增援请求，向相关省、自治区、直辖市级消防机构下达增援命令，合理调派人员、技术装备、灭火剂等消防资源。

2. 跨市（州、盟）级调度

跨市级的指挥调度由灾害发生地所在市级消防机构向上级消防总队提出增

援请求，消防总队根据增援请求，向相关市级消防机构下达增援命令，合理调派人员、技术装备、灭火剂等消防资源。

3.跨县（市）级调度

跨县（市）级的指挥调度由灾害发生地所在县（市）级消防机构向上级消防支队提出增援请求，消防支队根据增援请求，向相关县（市）级或本级直属消防中队下达增援命令，合理调派人员、技术装备、灭火剂等消防资源。

七、后续增援力量、装备、物资的调度方法

（一）做好后续调度准备

第一出动力量调出后，调度指挥中心要与报警人及行驶途中的第一出动力量保持密切联系，将了解到的火灾现场信息及时通知第一出动的指挥员。在报警人员多，描述大致相同的情况下，调度指挥中心应对火灾现场相邻中队发出预警，做好增援准备。对火灾现场可能用到的特种装备、器材、灭火剂一一检查，做到随时拉得出，用得上。比如油罐火灾，可能需要大量泡沫，但有些地区泡沫的存储量不足，这就需要及时向相邻地区请求增援，做到有备无患。在缺水地区的火灾，可能同时需用五部以上大功率水罐车，这就需要提前做好准备，提前了解其分布，下达预警命令，要求其做好出动准备。当遇到高层、地下等烟雾大的火灾现场时，要准备足够的空气呼吸器。在判断第一出动力量欠缺的情况下，应迅速调出增援力量。也就是说当调度员预感到火灾可能动用增援力量的时候，应及时向可能增援的中队下达预警命令，要求其做好一切出动准备。

（二）按上级指挥员指示调度

受理警情并完成第一出动调度工作后，调度员应立即将报警信息及已调派的第一出动力量报告当日值班总指挥。总指挥根据自己的经验和对情况的判断，有时可能要求增调相应的消防力量，调度人员应无条件地按照总指挥的指示，立即发出增援指令。

（三）按照现场指挥员要求调度

当第一出动指挥员到场后，会按照自己侦察得出的灭火行动的布置计划，重新考虑灭火力量的配置。力量不足时会提出增援要求，所需车辆的种类、数量以及消防器材的品种、数量通常十分具体。调度时，应按现场指挥员要求，根据平时规定的增援顺序或就近调集的原则立即发出调度指令，不能迟误拖延。当遇到规模大、扑救时间长、调集参战力量多的火灾现场，调度员应服从火灾现场最高指挥员的命令。按照就近调控，其他同时补入的原则，统筹安排本地区的执勤及参战力量，避免力量调集混乱。

（四）依据应急联动出动方案编制应急联动出动力量

建成"三台合一"应急联动接处警系统的单位或尚未建成"三台合一"应急联动接处警系统，但与社会力量建立应急联动关系的，灾害事故处置现场需要调集供水、供电、供气、医疗救护、交通管制、环保、气象等单位或部门到场时，遵照应急联动出动方案执行。

（五）按后续火警报告主动调度

随着电话、手机等各类通信手段的普及，同一起火灾，报警人数逐年增加，往往出现报警人夸大火灾现场规模的情况。在这种情况下，调度力量的多少并非与报警人数的多少成正比，为避免盲目调度，接警员要主动向起火单位询问火场及火势发展情况。当感到调出的第一出动力量不足时，应主动进行调整补充，不能一味等候到场后的火情报告，以免延误战机。

八、对调度人员的基本要求

消防调度指挥中心通常设置在总队、支队（大队）机关驻地。调度人员由消防警官、专业警士和义务兵战士组成。消防中队分散接警时，调度任务由中队电话室（通信室）承担，调度员由电话员轮流担任。对调度人员的基本要求是：

（1）消防调度人员应热爱本职工作，忠于职守，精通调度业务，掌握通信工具的操作使用方法。

（2）熟悉计算机基本操作，掌握计算机接处警系统的操作方法和数据维护及保养。

（3）熟练掌握无线电台的操作使用方法，掌握各单位频道的分配。

（4）熟悉消防业务，了解消防装备的性能、分布，有一定的灭火行动经验，具备火场自救、互救、逃生的基本常识。

（5）掌握接警区内各消防中队和有关消防部门的分布情况，划分界线。了解重点单位和灭火调度方案。对城镇地理、道路交通情况心中有数，脑中有图。

（6）消防中队电话员应熟悉本中队管辖区和相邻辖区的道路交通、单位分布、街道名称、门牌号码、消防水源等基本情况；掌握本中队针对消防重点单位和要害部位制订的灭火作战计划；熟记有关部门的电话号码和通信规定。

（7）消防总队、支队（大队）调度指挥中心的调度人员应熟悉城市地理、市内交通、消防重点保卫单位等基本情况；熟记所管辖各消防中队的管界范围和本市企事业单位专职消防队的情况；记清有关单位电话号码、联络方法及调度程序；熟悉调度室掌握的灭火作战计划、调度计划和有关规定；了解城市主要水源及干线管网情况。

（8）各级调度人员均应了解不同季节、不同时间、不同气象条件下火灾发生、发展的一般规律和调度灭火力量的一般原则；掌握各种火灾的一般扑救方法和消防器材的使用方法；了解各类消防车辆的战术、技术性能。

（9）调度人员必须坚守岗位，随时掌握消防执勤备防力量的动态情况，主动、及时地了解现场情况，同指挥员和有关部门保持密切联系；警情火情随到随报。遇有重大问题要加强请示报告，一丝不苟、严肃认真地对待每起警情的调度工作，临警时要沉着冷静，正确地调度灭火力量，不允许出现重大失误和差错。

九、消防调度的注意事项

（1）无论是重点单位还是非重点单位的火灾报警，第一出动力量必须调度本责任区中队的消防力量。严禁错发、误发车辆，舍近求远，贻误战机，给火灾扑救带来不利，甚至造成不必要的人员伤亡。

（2）对于政治影响大，公众聚集场所，起火后很容易造成重大人员伤亡或财产损失的火灾报警，在调度本责任区中队力量的同时，要调度特勤中队及部分特种车辆参战。

一般情况下，建筑物火灾起火点高度在10m以上应考虑调出登高车，化工、油类、有毒气体泄漏引发的火灾应调防化洗消车；缺水地区或大面积火灾应调大型水罐车；港口、水（海）域、江河的沿岸地区及船舶发生火灾应调消防艇；夜间火灾应调照明车；地下设施火灾应调排烟车；因火灾造成人员被困应调多功能抢险救援车及120急救车；超高层建筑物高点火灾应考虑调用直升机；大面积纸张、草垛、钢结构厂房、车库坍塌等应调铲车、挖掘机。不论何种火灾应根据火灾现场的实际需要，科学安排，灵活调度。

（3）保持与有关单位的密切联系。火灾现场需要交通管制、断电、断气、自来水管网加压、被困人员需要救护的，应及时与交警、供电、燃气、自来水、急救中心等部门联系。利用旁通专线调度相关部门协助支援。建有城市公共安全应急指挥中心的，应及时向该中心汇报，由该中心负责调度各相关部门增援现场。

（4）在春节、清明节或其他燃放烟花爆竹的传统节日期间，由于极易造成楼道杂物、草坪、草垛起火，类似的火灾报警比较集中。往往多个责任区中队同时都有火灾报警，即便是同一责任区中队，在同一时间也可能有多起火灾报警。但火势较小，有些出现场的消防车还来不及返回中队就直接赶往另一火灾现场。受理这类的火灾报警时，调度消防力量以一部车为宜。

（5）对消防责任区以外的火灾报警不得搪塞推托，必须按本责任区火警等同对待，立即调度消防力量前去扑救。同时，要向上级领导报告，并将火情迅速通报其消防主管部门，协同完成灭火行动任务。

（6）外国驻华使、领馆，国际机构，外资企业和外国航空、航海器在本消防责任区发生火灾报警时，应按重点单位调度原则调度灭火力量。同时要与政府外事部门、外交服务部门或外企管理部门取得联系，要求其到场协助组织扑救并负责涉外联系。

（7）当接到园林、山林火灾报警时，因消防车不能发挥其作用，调度的消防车辆不宜过多，应及时通知护林防火指挥部组织护林队员及周围群众用专业灭火设备实施灭火。特殊情况下调用当地驻军协助。

（8）重特大火灾消防力量调度的方法采用就近调控，其他同时补入的方法。该方法是将离火灾现场最近的消防中队，通常是责任区消防中队的力量一次性全部调出，同时由近到远逐步调度，力量不足或空缺的中队由相邻中队互为补充。比如：四中队辖区内发生重特大火灾，第一出动力量可同时调三中队、五中队、特勤中队的全部力量参战，那么二中队、六中队可分别出动一至两部消防车到以上三个中队待命。同时可调一中队、七中队的部分力量，到二中队、六中队执勤。这样，可使集中接警区域内的执勤力量得到均衡，做到有备无患。

第四节 现场通信组织

一、现场通信的任务

现场通信是为了灭火救援行动指挥和协同作战而建立的通信联络。现场通信的主要任务是负责保持整个现场上的通信联络，即：现场指挥部与后方指挥中心的联络；现场指挥部与现场前沿阵地的通信联络；现场指挥员与参战中队、参谋的通信联络；中队长或通信员与战斗班长、驾驶员、水枪手等的通信联络；现场指挥员与参加灭火救援的公安、专职和义务消防队之间的通信联络；现场指挥员与各有关部门之间以及同受灾群众和单位之间的通信联络。

二、现场通信的要求

为了在短时间内控制火势，扑灭火灾，减少损失，对现场通信的要求是：迅速、准确和保持不间断通信联络。要在各种困难复杂情况下，始终保证现场上各有关方面联络畅通；保证现场指挥员命令和不断变化的现场情况，迅速、准确地传达到有关部门、单位和人员，以便实施不间断的指挥，搞好协同作战，顺利地完成灭火救援行动任务。为此，现场通信人员在执行任务时，必须具有高度的责任感和严格的纪律性，充分发挥通信人员的桥梁作用、耳目作用和参谋助手作用。

（一）接警出动

接警员接到报警后，必须迅速准确地受理警情电话，及时调动灭火救援力量。通信员要听清出动的地点和任务，发现疑问要及时问明，防止差错，然后携带出车单乘通信指挥车或首车出动。

（二）出动途中

（1）通信员要协助驾驶员选择捷径路线，注意行车安全，以便迅速到达现场。如果出动途中消防车辆发生故障和交通事故，或者遇到另一起火场时（包括返队），应立即向指挥中心报告。

（2）在出动途中，通信员要注意观察现场地点的情况，有无火势蔓延或扩大成灾的迹象（如烟雾、火光等），并注意风向、风力等。

（3）如果针对起火单位预先制定了灭火救援作战计划，应迅速查看，然后交给指挥员；如未制定灭火救援作战计划，应将平时掌握的有关情况（如建筑特点、水源分布、交通和周围情况等），主动向指挥员报告。

（4）瞭望台报警出动时，沿途要留心寻找和询问，如果到了报警所通报的地点还找不到受灾单位，应与消防调度指挥中心及时联系。

（三）到达现场

（1）消防车到达现场后，通信员要尽快通过无线电台或有线电话同本中队调度室取得联系，及时报告现场情况。要向指挥中心报告发生火灾的具体单位、部位、现场燃烧物质等情况，是否已被控制或扑灭。如果火势很大，需要申请增援力量，要说明需要车辆的型号、数量。凡是向指挥中心报告的情况，必须经现场指挥员的同意或授权。如遇特殊情况，一时找不到现场指挥员，可先向指挥中心报告情况，并要加以说明，事后及时向现场指挥员报告。

（2）通信员在现场，要参与火情侦察，了解现场的全面情况，这是迅速准确地报告现场情况的前提。现场侦察主要是靠观察、询问和测算，并根据平时掌握的情况作出准确的判断。现场侦察的内容，主要有燃烧部位、燃烧对象、燃烧面积、建筑特点、消防水源、周围情况、火势蔓延方向、人员伤亡情况、到达现场的消防车辆以及火灾扑救组织情况等。

（3）如果火势较大，需要增援力量，通信员应根据增援消防中队距离现场的远近，估计可能到达现场的可能路线和行驶时间预先在路口迎候。对增援消防车辆的停靠水源、进攻路线、任务等，必须按现场指挥员的命令明确传达清楚。如果前来增援的消防车辆较多，应将消防车辆引导停放在便于调动的适当位置，并通知各增援队指挥员和通信员向现场指挥员报到，待明确任务和水源后，再分别调动，以防止各增援车辆无秩序地通向现场、堵塞交通，擅自占领水源，影响灭火行动的统一部署。

三、现场通信的组织形式

为了加强现场组织指挥，有效地扑救火灾，保证组织有序地执行灭火行动任务，要根据现场具体情况和灭火力量的编成，设立现场指挥部。现场通信的组织形式一般分为以下几种：

（1）一个消防中队独立作战时，现场通信由中队通信员组织，在中队指挥员的领导下，负责指挥员与前沿阵地、战斗分队（班）与战斗分队（班）现场与指挥中心之间的通信联络。

（2）两个以上消防中队协同作战时，各中队内部力量的现场通信由本中队通信员组织；上级指挥员未到场前，责任区消防中队与增援消防中队之间、现场与指挥中心之间的通信由责任区消防中队通信员组织，增援消防中队通信员协同；上级指挥员到达现场后，各消防中队之间、现场与指挥中心之间的通信由上级通信人员组织，责任区消防中队通信员做好交接。

（3）参战力量多、处置时间长的灾害现场需成立灭火救援指挥部时，应设立通信组，组长由到场的总（支、大）队通信干部担任，依托消防通信指挥车建立现场消防调度指挥中心，全面组织现场通信工作。

（4）地方党政领导、机关领导到场实施指挥，或建立联合指挥机构时，指挥部与现场最高消防指挥员的通信联络应视情决定，参战消防专业队伍内部应保持独立的通信指挥体系。

（5）专职消防队参与灭火救援时，应由消防专业队伍负责消防专业队伍与专职消防队之间的通信联络；当扑救油田、机场、化工、船舶等特殊火灾，消防专业队伍参战力量较少且仅参与指挥时，消防专业队伍与专职消防队之间的通信联络应由专职消防队负责。

（6）对规模大、情况复杂和扑救时间较长的火灾，同时参加灭火的消防队在两个以上时，应成立火场指挥部，以实行统一指挥，充分发挥各种灭火力量的作用。

遇有下列情况时应考虑成立现场指挥部：

（1）灾害事故现场面积大，投入的灭火力量多，抢救任务重，需要有关部门配合，便于统一指挥。

（2）党政首脑机关、重要的科研部门、工企单位、物资仓库发生火灾，容易造成重大经济损失和政治影响。在这样的火场上，采取的抢救、疏散、保护物资设备的每项措施都是慎重的，需要由现场指挥部做出决定。

（3）特殊灾害事故的现场，随时可能造成人员伤亡，建筑物倒塌，设备损坏，给抢救工作带来困难。例如，爆炸或可能发生爆炸危险的火场，需要现场指挥部做出紧急决定，组织抢救、疏散和灭火工作。

（4）扑救油罐特别是油、气井喷火灾，需要调集大批的灭火力量，组织协同作战，适时进行冷却和灭火。

现场指挥部要设在便于指挥整个现场的地点，白天以红旗，夜间以红灯为标志。现场指挥人员应佩戴相应袖标。

现场指挥部由总指挥和副总指挥及参谋人员组成。总指挥员应由消防总队、支队（大队）领导担任。

现场通信应适应灭火行动指挥的需要。为了有条不紊地完成各项通信任务，必须把到现场的通信员组织起来，形成一个严密的通信网，以便充分发挥通信员的作用，其组织办法是：

消防总队、支队（大队）通信员和主管消防中队通信员、增援中队通信员共同组织分工，成立现场通信组，通信组长由消防总队、支队（大队）通信参谋担任，在现场总指挥的领导下，负责现场通信联络工作。其主要职责是，组织灾害事故现场与指挥中心之间、现场指挥部与现场上各消防中队之间的通信联络，迅速准确地传达现场指挥员的命令；检查通信人员的工作情况；检查通信设备，保证通信联络畅通。

到达现场的各消防中队通信员都应主动向现场通信组报到，由通信组长向他们介绍情况交代任务。现场通信组可以根据情况需要分为现场通信组和后方通信联络组。每组人数应视到达现场通信员多少而定。

现场通信联络组：通信组长由主管消防中队通信员担任。负责现场指挥部与行动区域（片）行动分队之间的通信联络。其主要任务是：传达命令、侦察火情、汇报情况、迎接增援车辆等。

后方通信联络组：通信组长由总队、支队（大队）通信员担任。该组设在现场指挥部，负责现场与指挥中心的通信联络。要向指挥中心报告通信员的姓名，现场指挥部电话号码或无线电台频率和呼号。其主要任务是申请增援车辆、报告现场消息、汇报火情及火灾扑救等情况。

现场通信联络是一个有机的组合，既要有明确的分工，又要有互相配合，才能有效地完成现场通信任务，保证灭火指挥的联络畅通。

四、灾害救援现场通信层次结构

城市消防灭火救援无线通信网在结构上分为三个层次，即城市消防辖区覆盖网（消防一级网）、火场指挥网（消防二级网）、灭火救援战斗网（消防三级网）。每个层次可以根据情况采用不同技术组网。

（1）消防一级网（城市消防管区覆盖网）主要用于保障城市消防指挥中心与所属消防大队、中队固定台、车载台之间的通信联络。各级消防指挥人员的少量手持电台在通信中心区域范围内也可加入该网。在使用车载电台的条件下，一级网的通信覆盖区通常不小于城市消防管区面积的80%。网络结构示意图如图5-2所示。

（2）消防二级网（现场指挥网）主要用于保障灭火救援作战中现场各级指挥员手持电台之间的通信联络。与企事业单位、专职消防队等灭火救援协作单位的现场协同通信也可在该网中实施。网络结构示意图如图5-3所示。

（3）消防三级网（灭火救援战斗网）主要用于灾害事故现场各参战消防中队内部，中队前后方指挥员之间，指挥员与战斗班长之间，班长与水枪手及战斗车驾驶员之间，以及特勤抢险班战斗员之间的通信联络。该网采用手持电台和佩带式声控电台。中队之间的协同通信，也可采用改换频率相互插入对方中队战斗网的方式实施。网络结构示意图如图5-4所示。

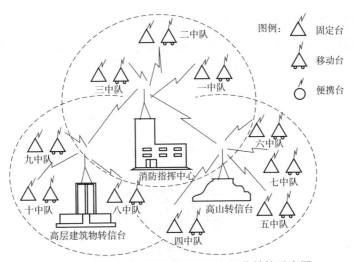

图 5-2 消防移动通信网（一级网）网络结构示意图

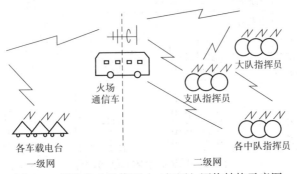

图 5-3 消防移动通信网（二级网）网络结构示意图

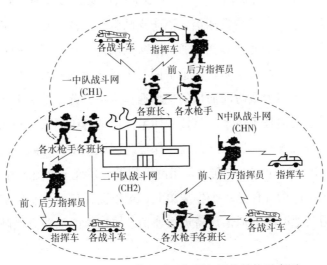

图 5-4 消防移动通信网（三级网）网络结构示意图

根据灾害现场的具体情况和救援力量编成，设立现场指挥部，按图5-5所示建立救援指挥和行动通信网。现场指挥部开通与消防指挥中心、参战的消防指挥员之间的通信联络。各消防中队开通指挥员、战斗班长、战斗员之间的救援战斗通信联络。

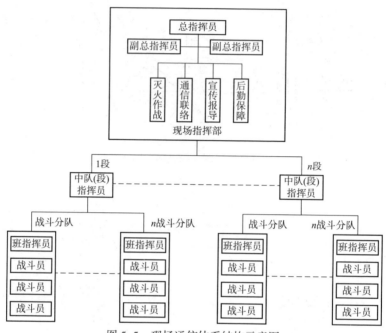

图5-5　现场通信体系结构示意图

在灾害事故应急救援过程中，消防专业队伍必须设置独立的消防指挥调度网，建立消防总队救援指挥通信、消防支队救援指挥通信、消防中队救援行动通信、分队救援行动通信等四个通信层次的消防通信体系结构；建立以常规或集群无线三级网（城市消防管区覆盖网、现场指挥网、救援战斗网）为基础的，与多种形式救援力量协同通信的现场通信网络，确立基于上述层次和网络的应急指挥通信组网技术体系。该技术体系能保证各级消防专业队伍辖区指挥通信，保证灾害现场指挥通信的覆盖，保证跨区域、多专业队伍协同作战调度通信的互联互通，还应建立消防通信组网管理平台系统（见图5-6），使各级指挥部或指挥员可以指挥任意一个作战单元、可以监控任意一个作战单元的通信设备，可以与其他网络的通信设备进行通信，协同作战消防力量随时编组加入通信网。

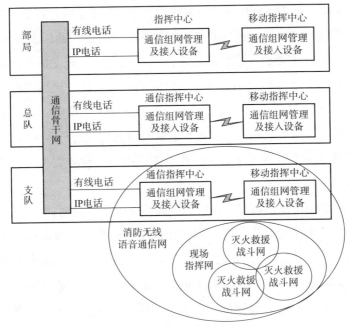

图 5-6　消防指挥通信组网管理平台示意图

五、现场通信的方法

　　根据我国城镇消防队配备和使用的消防通信器材的要求，各地基本上都建设了基于有线的计算机接处警系统，无线通信网的建设也逐渐普及，总队、支队逐步实现全省、全市联网，但仍有盲区、盲点。另外，由于使用操作不当，不能充分发挥通信器材的作用，现场通信有的还靠人跑、人喊、手势等传达命令，效率很低，影响灭火行动顺利进行。为了提高灭火行动效率，必须保证现场通信畅通无阻。现场通信的方法有：

　　（1）装备无线电台设备时，消防队接警出动时应立即开启无线电台，出动途中与指挥中心进行通信联络。到达灾害现场后，与指挥中心保持不间断的通信联络，并及时报告现场情况或申请增援力量。消防总队、支队（大队）的现场指挥员与指挥中心、参谋、通信员、各消防中队长之间用无线电台保持通信联络；各消防中队长与本队战斗班长、驾驶员、水枪手之间用无线电台保持通信联络，这样就形成了现场指挥通信联络系统。

　　（2）为避免现场通话混乱，中队通信员可带两部对讲机，分别置于本中队和支队的频道上，从而实现中队内部的联络和与指挥中心或指挥部之间的联络。

（3）在没有无线电台设备时，消防队到达现场后，通信员在现场指挥员的领导下，占用火灾单位、现场附近单位的有线电话，或发挥中国移动、中国联通手机的作用，负责现场与指挥中心之间的通信联络。现场指挥员与各参战中队之间、中队长与班长、驾驶员、水枪手之间的通信联络，也可采用有线广播、人跑、手势、笛音、旗语、灯光等通信联络方法，进行灭火行动指挥。

（4）很多城市都装备了现代化的移动指挥中心，在各类火灾和突发事件中发挥了重要的作用。

根据出动消防中队的数量，灾害现场通信网大体可分两种：

当一个消防中队单独作战时，现场通信联络组成一个城镇管区覆盖网和一个灭火行动网，即一级网和三级网。一级网由消防中队通信车车载台和本中队固定台，与消防总队、支队（大队）指挥中心基地台组成通信网。三级网是由消防中队长与战斗班长、驾驶员、水枪手、后方指挥之间组成的通信网。移动指挥车车载台（差转台）与基地台用频率 f_1 联络；通信员与中队长采用人机联系；中队长与班长、驾驶员、水枪手和后方指挥配头盔台用频率 f_3 联络。

当两个或两个以上消防中队联合作战时，现场通信联络组成一个城镇管区覆盖网（一级网）、一个火场指挥网（二级网）和 N 个灭火战斗网（三级网）。现场总指挥与参谋、中队通信员配便携台用频率 f_2 联络；通信指挥车车载台与调度室基地台用频率 f_1 联络；中队长与班长、驾驶员、水枪手和后方指挥配头盔台用频率 f_3 联络。

一个灾害现场如果使用的同一频率电台太多，容易造成相互干扰。为了防止电台相互干扰，一种办法是各参战消防中队指挥员与本中队的班长、通信员之间用口头传达作战命令；另一种办法是把各参战消防中队指定使用的电台频率加以区分，使其工作在不同的频率上。也可以一、二中队用一个频率，三、四中队用另一个频率，进行区分组合。其缺点是现场总指挥不便于统一指挥。为解决统一指挥问题，要事先有明确规定。在较大火场的火场指挥网都使用同一频率，听现场总指挥员的指挥，不准随便发话。

（5）为了完成现场通信联络任务，除使用有线、无线通信设备外，现场经常使用人工联络的各种信号。常用联络信号主要在下列情况下采用：

①在通信装备不足或没有无线通信设备的情况下，现场通信联络常用手

势、旗语、灯光、哨音、绳索等办法，保证现场指挥员与中队指挥员、调度员之间，中队长与班长、驾驶员、水枪手之间的通信联络。另外，组织远距离供水，接力供水，夜间扑救火灾时，也经常采用这种方法。

②油、气井喷火灾现场，由于井喷声音很大，使用一般扩音设备听不到，或者为了疏散高层建筑火灾的遇险群众，防止盲目逃生而造成伤亡，常用写纸条传阅或在黑板、布块上写大字告示等方法进行联络。

③因地震、暴风雪等自然灾害或在战争时期，有线、无线通信设备遭到破坏，无法及时修复或遇到无线电通信盲区等情况，需要用交通工具或通信员徒步进行通信联络。

六、现场无线电台通信的联络要求和通话规则

现场350MHz消防无线通信网内各台应自觉遵守属台服从主台、下级台服从上级台、固定台照顾移动台的原则，坚持"先听后发"的原则，网内无人通话时再发话，避免"插叫""对发"造成堵塞和干扰。

现场无线电台通信的常用工作方式是明语工作，为保证通信质量和通信时效，应严格遵守以下通话规则。

（一）收话和发话

1. 收话

收话时应集中精力，认真收听。对重要内容如时间、地点、方向、数量、行车路线、火灾性质和部位、建筑特点、面积、体积、扑救措施及各种装备情况等应简记下来，向指挥员报告。

为准确无误地收听，要求通信员平时就应熟悉指挥员及其他通信员的口音，能听懂方言土语，掌握消防车辆、装备、器材的名称及消防日常用语。

2. 发话

（1）准确无误：就是看清发准。（先按紧发射键，然后再发话。）

（2）平稳均匀：发话时声音不要忽大忽小，速度不要忽快忽慢，音调不要忽高忽低，保持语调平稳，易懂。

（3）清楚流利：发话时要吐字清楚，正规流利，讲汉语普通话，不讲方言

土语。

（4）间隔分明：讲话时要词、句分明，前后连贯。

（5）讲话时，话筒与嘴的距离约 10cm，话筒倾斜 45° 左右。讲话时按键必须压紧、按实，讲完话后应立即松开。

（6）戴呼吸器或防毒面具发话时，声音要大些，话筒靠呼气活门要近些，也可将话筒贴于喉部，并应重复数遍。

（7）乘车行进间发话时，大臂要夹紧，保持话筒与嘴的距离。声音要大些，要发慢些。信号不好或车内干扰大并有重要话要发送时，可让车辆暂停进行联络。

3. 数码读音

电台的呼号通常用数字组成。数码的读音见表 5-3。

表 5-3　数码读音

数码	1	2	3	4	5	6	7	8	9	0
读音	腰	两	三	四	五	六	拐	八	勾	洞

（二）通话规则

1. 单工通话规则

（1）呼叫程序：

①对方电台呼号（两次）；

②自己电台呼号（后面加"呼叫"二字一次）；

③请回答（一次）。

例：设 A 台呼号为 01，B 台呼号为 02，B 台呼叫 A 台。

01，01，02 呼叫。收到请回答。

（2）回答程序：

①对方电台呼号（一次）；

②自己的电台呼号（在呼号前加"我是"、或在呼号后面加"收到请讲"一次）。

例：同意收听的回答。

02，我是 01，收到请讲。

（3）发话程序：

①自己电台呼号（呼号前加"我是"一次）；

②请收话（一次）。

例：A 台发话。

我是 01，请收话（话文），回答。

一般情况要征得对方同意再发话。较急的话可以不征得对方同意，在呼号回答后即可发话。但这必须是在联络情况好，确知对方能够收到的情况下才可这样做。

当有急话而又联络不通时，可以盲发。盲发时应多呼叫几遍，话文也应发慢些，多重复几遍。也可以要求他台转发，但无论是盲发或转发，只要未收到对话台的回答，就不能认为对方收到了话文。

（4）收话程序：收话时精力要高度集中，并且要耐心细致。在听到的话中如有模糊字句不可随意猜想，应及时核对，请对方重复。要做到一丝不苟，准确无误。在话文收妥后，根据话意回答"明白"或"照办"。

例：我是 02，明白。回答。

（5）转话或改变频率：

①转话。A 台有话给 B 台，但无法沟通联络或信号太差无法通话；而 C 台与 A 台、B 台均能顺利通话，则 C 台就有义务为 A 台转话至 B 台。

例：A 台请求 C 台转话。

A：有话给 B 台，请转话，回答。

C：请发话，回答。

C 台收妥 A 台话文后，向 A 台回答"明白"或"照办"，然后转话。待 B 台收妥后，C 台应立即将 B 台收妥的时间告知 A 台。

②改频。联络中遇到突然发生的干扰，难以继续正常通话时，可以按照呼频表或预先的规定申请改频。

改频的程序是：

自己呼叫（呼号前加"我是"一次）；

请改用 ×× 频道（一次）。

对方要求改频，如无特殊情况，一般应表示同意，并结束联络。程序是：

自己电台呼号（呼号前加发"我是"一次）；

同意（一次）；

再见（一次）。

例：A：我是 01，请改用 ×× 频道，回答。

B：我是 02，同意，再见。

A：我是 01，再见。

结束联络后，双方立即用新频道重新沟通联络，不结束联络不得改频。改频后在新频道联络不通，可回到原频道上沟通联络，另行改频。

（6）结束联络：双方沟通联络在讲完话或工作完毕后，应结束联络，可发出结束联络用语"再见"。只有在双方都听到"再见"后，这次联络才能算结束。

联络结束后，若在现场，应将电台置于"守听"状态（有的电台有"间断守听"则置于间断守听状态）。在一般情况下，应按规定在约定的联络时间前几分钟开机守听。

2. 双工通话规则

双工通话规则是以单工为基础的，由于双工电台具有可以同时收话的特点，所以通话规则简化了许多，通话效率也就大大提高了。

双工呼叫程序与单工相同，但在双工通话任一过程中均可省去回答。

听到呼叫自己电台后可以直接插话表示"听到了"并报告自己电台呼号。如果呼叫一方听到被呼叫方的回答，可停止呼叫，表示呼到了。此时即可沟通联络。发话、重复、核对等都可随时进行。

例：A：02，02，01 呼叫。

B：听到了，我是 02。

A：听到了，这里有话。

B：请发话，……

A：请注意，……（话稿内容）

B：02 明白，再见。

双工电台通话较容易，因此，有时指挥员可能上机亲自讲话。无线电话务员应掌握好机器，协助指挥员通话。

七、现场无线电通信网的应急调整

发生火灾的地点往往是难以预先确定的。在大多数的情况下，消防专业队伍的灭火作战是现场情况不明的条件下的"遭遇战",对于现场无线电通信网来说,也存在一个针对具体情况和实际要求进行调整的问题。

(一)调整的根据

对于现场无线电通信网进行调整,主要根据以下情况:

(1)火场规模大,电台数量多,少数网工作频率重合,互相干扰,影响联络。

(2)工作频率受到外网电台或其他强干扰,无法正常工作。

(3)现场与调度中心距离远,出动力量与指挥中心联络困难。

(4)灭火行动中要求进行的特殊调整。

(二)调整的主要手段

(1)改频:退出原工作频率,转至备频或指定频率工作。改频可全网改频,也可单台改至备用网频率工作。

(2)合并:根据需要将两网合并为一个网。

(3)转信:某联络对象因距离远通信困难时,可让中间电台人工转话沟通联络。

(4)启用备用台:由现场指挥部携带一定数量的特殊规格电台,平时常备,一旦需要时及时启用开通。

(三)调整的方式

(1)主台指挥调整:在各网内出现需要调整工作方式的情况时,由该网主台决定实施改频等调整措施,并在网内指挥各属台按规定方法实施调整。

(2)属台请示调整:当联络不畅时,属台可请求调整,经主台同意,按主台规定方法实施。

(3)主动调整:当网内遇干扰无法继续工作,也无法有组织地进行调整,从而失去联络时,失联电台可主动调整到同网兄弟台频率,重建联络。

(四)注意事项及有关要求

(1)电台员平时应熟悉各网联络文件,熟记呼号及常用、备用频率,掌握调整的方法。

（2）担任主台的电台员，应机动灵活、操作熟练、指挥有序。

（3）调整应是有时间限度的，达到目的或干扰排除后，应恢复原工作方式。

（4）做好通信联络应急调整预案，有计划地进行演练，使通信联络组织建立在有调整余度的基础上，使其更加灵活、可靠，更加周密、完善。

（5）现场350MHz消防无线通信网进行信道调整应按照上级台指挥调整、下级台请示调整、预先约定调整等方式实施。

（6）在易燃易爆、嘈杂等灾害现场，要选用防爆对讲机、头骨式麦克风等无线通信设备或附件设备。

八、各类信息通信系统的综合应用

由于突发公共事件的种类繁多，发生的时间和地点具有随机性，单纯依靠某一种通信系统不能满足所有突发公共事件处置时对覆盖范围、业务种类、通信容量等多种需求，因此应急现场的通信保障系统必然是一个多系统混合、交叉覆盖、多业务综合、固定台站覆盖与机动覆盖相结合的综合性大系统，如图5-7所示。

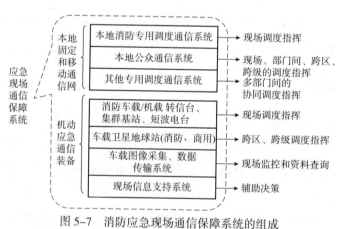

图5-7 消防应急现场通信保障系统的组成

（一）前方指挥部通信系统构成

前方指挥部是作战指挥的通信枢纽，是汇接、调度、传递和交换信息的中心，通信设备和通信人员两个要素的有机结合，才能保证专业队伍上下级之间、前后方之间、友邻专业队伍之间、专业队伍和地方之间的沟通联络，以及作战指挥、协同作业和情报传递。包括：

1. 通信调度子系统

通信调度子系统可由固定通信网、移动通信网、互联网等公用电信网及卫星、集群、微波等专用网络及其相关设备组成。主要功能是建立灾害或突发事件现场与后方指挥部双向的联系，传输现场数据、音视频图像到指挥部，传达指挥部对现场工作的指示和调度命令。

2. 辅助决策子系统

辅助决策系统包括数据统计分析以及灾害评估工作。以表格、图形方式按时间段、地区、类型统计事件数量、资源使用情况、事件处理的反馈情况，以及灾害事件所产生的损失情况，作为各级单位工作业绩的资料，也可以供各级领导为以后的工作安排和人员管理做参考。统计分析的结果可以通过多媒体文档管理模块存档，作为决策支持子系统的专家知识库。

3. 信息采集子系统

现场信息采集子系统可由便携式无线音、视频采集设备或车载式音、视频采集设备组成。主要功能是采集现场地理位置信息、图像信息、声音信息、环境参数信息以及危险源等信息。

4. 移动办公子系统

移动办公子系统主要依靠多功能一体机、便携式笔记本电脑和其他移动办公设备实现。这些设备易于使用，性能稳定，即可固定安装使用，也易于搬移使用。受空间限制，可选择一台集打印机、复印、扫描、传真于一体的移动性强的现代化多功能网络办公设备。

5. 工作协同子系统

该系统主要利用现场的无线宽带局域网，构建一个由中心点对多点的无线网络，可以指定一辆通信指挥车作为现场应急救援的最高指挥场所，对现场的其他部门应急通信车进行指挥调度，实现现场紧急救援协同指挥。

6. 指挥视频子系统

该系统主要由指挥视频终端等设备组成。系统配置支持 H.323 的视频会议终端，支持双路视频传送，支持 H.264 和 PPPoE，内置多点控制单元（MCU），设备内置的 CPU 支持 5 点 IP+ISDN 同时开会，支持主席控制盒声音自动控制方式。

7. 图像传输子系统

该系统主要由便携式无线图像传输设备和车载式图像传输设备组成，支持非视距传输。主要功能是图像编码和传输现场音视频信息、图像及数据。

（二）装备编成

应根据灭火救援等任务的需要，携带能够自我保障的通信装备。卫星通信、无线电通信等装备不足的，由总队或部消防局在全省（自治区、直辖市）或全国统一调集。

（1）前方总指挥部和总队指挥部主要配备以下 4 类通信装备，视情集成在卫星通信车上或打包携带，由灾害发生地总队和增援总队提供。

①语音通信装备：包括无线转信台、固定台、车载台、卫星电话、语音组网、短波电台等设备，并设置本地及跨区域增援作战超短波通信频点。

②视频通信装备：包括卫星通信站及配套音视频、无线图传等设备。

③办公设备：便携式计算机、录音电话机、传真、打印、扫描、复印一体机等相关设备。

④其他附属装备：发电机及网线、电话被覆线、音视频线、电源线、车载电源逆变器等辅助设备。

（2）遂行分队装备编成：通信指挥车及语音、视频、办公和其他附属通信设备。

第五节　简易信号通信

简易信号通信，是使用各种简易信号通信工具、就便器材和简便的方法，按照预先规定的信号（记号），通过听辨或观察传达信息而达成的通信。

一、简易信号通信的特点与作用

简易信号通信能直接用于传达简短命令、报告情况、识别敌我和指示目标。较其他通信手段使用简便、简明易懂、传递十分迅速、工具种类多等，在一定范围内能同时为指战员知晓。但通信距离较近，通信内容有限，组织不得当容易暴露目标。因此，在组织与实施简易信号通信时，必须考虑工具性能、地形、天候、任务环境对通信效果的影响。简易信号通信是武警专业队伍特别是大队（营）以下分队指挥和协同动作，以及传递各种警报和情报信号等。在专业队伍近距离的相互识别和协同动作方面，更有其明显的作用，在勤务和行动中必须根据其特点，灵活地组织运用。

二、简易信号通信工具的种类

简易信号通信按传递信息的方式，可分为听觉简易信号通信和视觉简易信号通信。

1. 听觉通信工具

哨子、小喇叭，主要用于班、排，以长短音表示通信内容，通信距离通常可达 200~400m。

2. 视觉通信工具

信号灯，信号灯有红、绿、白三种颜色。它主要用于夜间指挥、协同、报告情况、标示位置、识别敌我等。信号灯以灯光的颜色、摆动及闪光的长短表示通信内容，也可以灯光的长短组成数码代密表示通信内容。在使用时，应注意避开其他灯光，以防混淆，通信距离一般可达 300~600m。

3. 指挥旗

制式指挥旗，通常红、白旗各一面，雪地联络时，白旗可用蓝、绿旗代替。它主要用于勤务和作战指挥、协同、识别敌我等。表示方法分两种：一是直接表示法，以旗的颜色和旗的动作表示一定的通信内容。例如：红旗高举向前挥动，表示"前进"。二是代密表示法，用数码组成若干条信号代密，表示通信内容。此种方法主要由通信专业人员掌握。通信距离一般可达 500~700m，使用望远镜观察，其距离可增加一倍。

4. 就便器材

凡能发出声响、光亮和可做标记的东西，都可以作为实施简易信号通信的就便器材。在勤务和行动中，可根据任务和情况，灵活选用。

三、简易信号通信的运用原则

1. 统一规定

指挥、协同、识别、警报信号的规定，属于全军范围的，由总参谋部负责；属于消防专业队伍（分队）各种勤务、行动范围内的简易信号（记号），由组织指挥勤务、行动的司令部门统一规定；消防专业队伍的临时勤务在有驻地解放军、民兵参加时，应由指挥部统一规定。下级可根据需要作必要的补充。但补充信号（记号）不宜过多，不得与上级的规定相矛盾，并应报上级备案，通报友邻和有关单位。

2. 按级组织

各专业队伍根据上级规定组织本级的简易信号通信。

四、简易信号通信的制定

制定简易信号（记号）规定，通常由作战部门提出内容，通信部门规定表示（显示）方法。制定的要求是：简明易记，含义准确、区别明显，并可使用多种信号工具发放。

五、简易信号通信的组织方法

1. 直接传达

直接传达，就是一次在一个或几个通信对象之间，直接收发信号。既可以是专向，也可以是网络。其特点是通信的及时性较好。

2. 中间转达

中间转达，就是设中间站，先与中间站收发信号，通过中间站再与另外的通信对象收发信号。其通信的及时性较差，通常是在简易信号通信工具性能受影响，或由于自然条件的限制不能直接传达时采用。

六、几种情况下的简易信号通信组织

1. 开进中的简易通信

徒步开进时，一般情况下队形拉得较长，前后距离较大，但联络方向比较明确，通常在行军纵队的一侧或附近的有利地形上，用号令向前后发放或接力转信。

乘车开进时，行进速度快，距离拉得较远，干扰大，车辆颠簸，联络比较困难，可用转信的方法组织，因此，每辆车上前后应各设一名信号员，白天用挥旗、挥衣物、打手势，夜间用信号灯等工具保持联络。

2. 夜间时的简易通信

夜间时的简易通信，必须适应观察方便、隐蔽和肃静的要求，周密细致组织。通常用传口令、口技、击掌、拍枪托和灯光以及运用识别信（记）号等方法进行联络。

七、保障简易信号通信顺畅的主要措施

1. 严密组织观察勤务

实施简易信号通信时，应当组织严密的观察勤务。支队（团）以上专业队伍应当设置信号观察哨，大队（营）以下分队应指派信号观察员，负责信号的发放和接收。同时所有指挥员都有听辨、观察简易信号的责任。

2. 正确选用信号工具，熟记信号内容

消防常用简易信号通信见表5-4和表5-5。

表5-4　消防常用简易信号通信表

		手势	旗语	动作示意	灯光	哨音
1	出水	右臂向上伸出，掌心向前，左臂下垂	左手持绿旗，右手持红旗（以下相同），动作同左		手电筒或采用其他灯光连续直射对方	一长音
2	停水	右臂向右平行伸出，掌心向下，左臂下垂	动作同左		一长二短光束	一长二短音

		手势	旗语	动作示意	灯光	哨音
3	加压	左臂向上伸出，右臂向右平行伸出后向上摆动，掌心向上	动作同左		一短一长光束	一短一长音
4	减压	左臂向上伸出，右臂向右平行伸出后向上摆动，掌心向下	动作同左		一长一短光束	一长一短音
5	前进	双臂向上伸出，同时向后摆动，掌心同里	动作同左		连续灯光上下摆动	二长一短音
6	后退	双臂向上伸出，同时向前推动，掌心向外	动作同左		连续灯光左右摆动	二长二短音
7	收检工具	双臂向上伸出，在头上交叉摆动	动作同左		连续灯光画圈圈	二长音
8	停车	右臂向右平行伸出，左臂在右臂处上下摆动	动作同左		二短光束	二短音

表 5-5　绳索简易通信表

序号	绳索动作	信号意图
1	拉绳 2 次	发现被困者
2	拉绳 3 次	准备救助
3	拉绳 4 次	开始救（撤）出
4	连续不间断拉绳	遇到紧急情况

应根据不同的气候、地形条件等情况，选择最适宜的信号工具。依据任务保障需要和任务地点可以多种信号工具结合并用。简易信号通信使用的信号代表着通信的基本内容，信号观察员和全体指战员均应熟记与本专业队伍（分队）的任务行动有关的信号，以免发生错误。

第六章　消防应急通信力量与行动

第一节　应急通信力量

通信联络，是保障专业队伍作战指挥的基本手段，是专业队伍的神经系统，通信联络畅通与否，是决定行动胜负的重要因素之一；通信联络，是指挥、控制和情报系统的基础，是专业队伍行动力的重要因素。应急通信分队是专业队伍组织实施通信联络的基本力量，是灭火救援灾害现场通信联络的实施主体，是以通信人员和通信装备为主编成，遂行消防专业队伍通信任务的具体行动单位。

一、应急通信分队的分类

根据级别不同，消防应急通信分队可分为总队（部局）、支队、中队应急通信分队（员）。

总队（部局）级应急通信分队主要负责保障省级以上跨区域灭火救援事故和大型自然灾害事故的应急通信保障。

支队级应急通信分队主要负责保障市级跨区域灭火救援事故和辖区自然灾害事故时的应急通信保障，当总队应急通信保障分队到场实施通信保障时，通信保障将由总队通信分队统一组织实施。

中队通信员负责本中队通信保障和较大灭火救援行动或抢险救灾行动时初期保障，当上级通信保障分队到场时，通信保障由上级通信保障分队统一组织实施。

二、应急通信分队的编成

（一）人员编成

应急通信分队队员由现有信息通信人员、接警调度员及兼职人员担任，原则上总队级应急分队不少于 8 人，支队级不少于 5 人。

按照属地分级管理原则，分队队员由所隶属单位管理。

通信技术人员是应急通信分队的重要组成部分，是担负应急通信任务、保障专业队伍指挥的专业技术力量，是消防专业队伍信息化建设的重要体现。

现代化技术对消防专业队伍进行应急通信保障提出的基本要求是：迅速、准确、保密、不间断。

1. 迅速，就是以最快的速度传递信息

由于灾害现场情况瞬息万变，战机稍纵即逝。通信联络只有做到迅速，才能保障指挥员及时地了解和掌握瞬息万变的现场情况，抓住有利战机，指挥专业队伍赢得胜利；否则，如果通信不迅速，就会贻误战机，造成不应有的损失和不良后果。为此，通信人员要养成紧张的作风，做到雷厉风行，在遂行通信保障任务时，要分秒必争，迅速组织准备，迅速行动，迅速建立通信联络，迅速传递灾情信息，迅速恢复中断的通信联络，确保信息传递的及时性。

2. 准确，就是传递信息不出差错

正确行动靠的是正确的指挥，准确的通信联络是保证正确指挥的重要因素。"准确"既是对通信质量上的要求，也是对其他通信保障工作的要求。通信联络不准确，就会影响正确的指挥，造成错误行动，导致损失或失败。为此，通信人员在遂行通信任务时，要严肃认真，一丝不苟，做到正确理解通信任务，严格执行操作规程，准确传递通信内容，如实反映通信情况，确保信息传递的准确性。

3. 不间断，就是在总体上保持信息传递畅通无阻

只有顺畅的通信联络，才能保障不间断的作战指挥。通信联络中断了，就会影响作战指挥，甚至使指挥瘫痪。专业队伍失去指挥，就会出现危险。现代条件下消防专业队伍灭火救援行动，指挥与通信的关系越来越紧密，事实上，通信所能达到的范围，就是指挥员的指挥空间。只有通信联络达到"不间

断"，才能保障指挥的不间断；否则，就谈不上指挥，谈不上专业队伍的协同作战。因此，不间断的要求更显得特别重要。当然通信联络的不间断，是从通信整体上讲的，是强调在组织与实施通信联络时，从技术上、组织上采取有效的措施，构成稳定性强、通信容量大、纵恒贯通、迂回多路的通信网，从而做到此断彼通，相互兼容，互为补充，以达到不间断的要求。为此，通信人员在遂行通信任务时，要有顽强的斗志，充分发挥主观能动性，做到灵活运用通信手段，科学组织通信联络，严密组织通信防护，经常维护装备器材，主动搞好团结协作，及时处置通信情况，确保信息传递的稳定性。

应急通信技术保障人员应当不断提高快速反应能力、机动通信能力、协同通信能力、通信抗干扰能力和通信抗毁能力，这是全面实现现代化技术条件下消防应急通信联络畅通的基本要求。

（二）装备编成

应急通信分队按照级别不同，装备编成不同，消防总队级应急通信分队装备配备最低标准和支队级应急通信分队装备配备最低标准见表6-1和表6-2。

表6-1　总队级应急通信分队装备配备最低标准

名称	数量
"动中通"卫星通信指挥车	1辆
350M 无线转信台	1部
350M 手持台	30台
350M 车载台	4台
3G 图传设备	2套
便携式微波图传设备	2套
便携卫星地面站	1套
无线短波电台基站	1台
视音频控制设备	1套
便携式应急通信设备（含录音电话机2部，便携式计算机1台、分属不同运营商的3G上网卡3张，投影机1台，照相机1部，GPS导航定位仪1部，传真复印一体机1台）	1套
地图（含行政区划图、地形图各1张，要求分别标注公路里程和等高线）	2张
收音机（交直流两用）	1台
指南针	1个
附属装备器材箱（主要放置发电机及网线、电话被覆线、音视频线、电源线、车载电源逆变器、电源插座、天线转接头等相关线材、检修工具等）	1套

表 6-2　支队级应急通信分队装备配备最低标准

名称	数量
通信指挥车	1 辆
卫星通信设备	1 套
短波电台	1 部
350M 无线转信台	1 部
350M 手持台	20 台
350M 车载台	2 台
3G 图传设备	2 套
便携式微波图传设备	2 套
视音频控制设备	1 套
便携式应急通信设备（含录音电话机 1 部，便携式计算机 1 台、分属不同运营商的 3G 上网卡 3 张，投影机 1 台，照相机 1 部，GPS 导航定位仪 1 部、传真复印一体机 1 台）	1 套
地图（含行政区划图、地形图各 1 张，要求分别标注公路里程和等高线）	2 张
收音机（交直流两用）	1 台
指南针	1 个
附属装备器材便携箱（含发电机及网线、电话被覆线、音视频线、电源线、车载电源逆变器、电源插座、天线转接头等相关线材、检修工具）	1 套

三、应急通信分队的职责

按照信息通信保障任务的特点和性质，分队担负本级日常通信备勤和遂行出动通信保障。

日常通信备勤指日常工作中的接警调度、350M 通信、短波通信、卫星通信、音视频综合调度、视频会议、终端维护、计算机及网络管理、业务信息系统运维、移动通信指挥等勤务保障任务。

遂行出动通信保障包括：

（1）重大灭火救援、事故灾难、自然灾害、公共事件、社会安全事件的遂行出动通信保障；

（2）省、市、县（区）政府下达的重要任务中的遂行出动通信保障；

（3）大型庆典、晚会、演出等社会活动现场的遂行出动通信保障；

（4）其他需要的遂行出动通信保障。

第二节 应急通信分队的行动原则

应急通信分队的行动原则，是组织与实施通信联络的基本指导规律和准则。在组织与实施通信联络时，必须围绕一切为了保障作战指挥这个根本目的，从客观实际出发，针对不同情况，灵活正确地运用这些原则。正确处理好统一计划与按级负责，全面组织与确保重点，以无线电通信为主与综合运用多种通信手段，合理部署与掌握通信预备队，行动迅速与准确无误之间的关系，切实做到平战结合，充分准备，充分利用一切通信力量，主动配合、密切协作，严格通信保密，加强通信防护，周密组织各种保障，发挥整体通信效能，以确保作战指挥的通信畅通。

一、平战结合、充分准备

平战结合、充分准备，是应急通信分队建设和行动的指导思想。消防应急通信具有战时和平时双重功能，其战时功能是保障消防专业队伍灭火救援行动、抢险救灾等各种突发事件的指挥顺畅，其平时功能是保障平时消防专业队伍各项工作正常运转、专业队伍与社会交流、支援地方经济建设。搞好平时通信工作，是战时完成通信保障任务的基础。

充分的行动准备，强调通信建设必须贯彻平战结合，以战为主的指导思想，使通信联络既满足战时需要，又适应平时专业队伍建设的要求。战备值勤，要牢固树立平时若战时的思想，养成严守纪律、雷厉风行、机智灵活、英勇顽强的作风。日常训练，要从难从严、从实战出发，不断提高通信官兵的专业技能和在各种复杂条件下遂行任务的能力。各级通信部门和应急通信分队，要周密制定各种情况下通信保障预案，并经常按照预案组织演练，保持良好的战备状态，确保一声令下，能立即行动。

二、统一计划、按级负责

统一计划、按级负责，是将各种通信力量科学组织，保持协调一致的行动，形成整体保障能力，保障专业队伍指挥顺畅的关键。在计划组织通信联络时，凡涉及通信网规划、建设、使用与管理，通信联络组织方案，通信装备体制规划，通信装备器材与技术保障方案，无线电频谱资源管理，协同通信规定，指挥自动化等全局性问题，必须按照下级服从上级原则，统一计划、按级负责。

下级在上级的统一计划和指导下，按照职权范围，统一计划与组织本专业队伍的通信联络。遇有全局性问题而上级没有明确规定时，应当及时请示报告。

三、全面组织、确保重点

通信联络，应当立足于一切为了保障作战指挥，全面组织，确保重点。

全面组织，应当从作战全局出发，通盘考虑，统一指挥协调各种通信力量和行动。正确运用各种通信手段，合理部署通信枢纽和台站，组成纵横贯通、多路迂回的通信网和必要的专用通信网，保障对所属力量和加强各参战力量的指挥、协同、报知、后方和技术保障通信顺畅。

确保重点，应当在全面组织的基础上，集中主要通信力量，优先保障作战指挥的通信联络，尤其是对主要作战方向、执行主要任务的专业队伍重要作战环节，以及单独执行任务部（分）队的通信联络。在任何情况下，都必须从人员、装备和组织上采取措施，予以重点保障。行动中还必须根据现场情况的变化，围绕重点适时调整通信保障力量，确保通信畅通。

四、以无线电通信为主，综合运用多种通信手段

以无线电通信为主，综合运用多种通信手段，是运用通信手段组织通信联络时应遵循的原则。

在现代技术特别是高技术条件下，无线电通信仍然是能够满足各种环境

下消防专业队伍灭火救援、抢险救灾需求的主要通信手段，有时甚至是唯一的通信手段；有线电和光通信，在灾害现场环境相对稳定的情况下，能很好地保障指挥，是重要的通信手段；运动和简易信号通信，在一定范围内能发挥独特的作用，是简便有效的通信手段。在组织实施通信联络时，必须从组织方法、使用方位、电磁兼容、技术保障、通信保密、通信电子防护等方面采取措施，保证在任何情况下，均有可靠的无线电通信。同时，应当根据实际情况，组织无线电、有线电、光通信和其他通信手段的综合运用，使各种通信手段优势互补，充分发挥整体保障效能。

五、充分利用一切通信力量

充分利用一切通信力量组织通信联络，是战时完成通信保障任务的强大依托。组织通信联络时，要充分发挥国家公用通信网以及铁路、公安、交通、民航、广电等专用通信系统的作用，形成整体合力。利用民航通信，必须按照国家的法律、法规执行。使用其他部门的通信系统时，要由上级机关统一负责组织协调。各级通信部门要主动了解和掌握民用通信资源情况，制定利用预案，做好充分准备。

六、合理部署，掌握通信预备队

合理部署，掌握通信预备队，是使用通信兵力实施通信联络时应遵循的重要原则，是通信工作力争主动、留有余地，应付各种复杂情况的有力措施。

根据专业队伍作战部署、编程和指挥机构配置等情况，统筹兼顾，科学编组，正确使用通信兵力，合力配置通信枢纽、台站，使作战地域（空间）内的各级指挥机构和作战单位都有可靠的通信联络。在满足当前作战指挥需要的前提下，必须控制使用通信力量，掌握一定数量的通信预备队。

七、行动迅速、准确无误

行动迅速、准确无误是赢得作战胜利的前提和重要保障。通信人员必须具有高度的时间观念，强烈的责任心和使命感，在执行任务时，必须紧张快速、简化程序、提高效率，以科学、灵活、快捷的方法，组织、实施和处置各种情况，保证通信联络的及时性。同时行动中还要做到准确无误，不出差错。

八、主动配合、密切协作

主动配合、密切协作，是消防专业队伍团结协作精神在通信工作中的具体体现和运用。

组织实施通信联络时，通信部门要按照作战指挥需要，主动与专业队伍内外有关部门取得联系，协调通信联络的有关问题。各单位之间，要严格执行协同通信规定，互通情况，协调动作，研究解决协同通信中遇到的各种问题；各通信人员和台站，要树立全程全网的整体观念，主动配合，密切协作，服从统一指挥，主动为对方创造良好的工作条件。

九、严格通信保密，加强通信防护

严格通信保密，加强通信防护，是提高通信生存能力，增强通信联络的隐蔽性和稳定性的重要措施，对确保指挥机关和自身安全具有十分重要的意义。

十、周密组织各种保障

周密组织各种保障，是保持通信联络的持续性的重要措施，是通信联络的重要保障原则。

组织实施通信装备器材、通信技术及后勤保障，必须针对作战特点和遂行任务的需要，周密计划、统筹兼顾。要根据作战需要和规定标准，做好通信器材的储备和供应；要根据损耗情况，及时组织抢修以及调整补充装备器材和技术力量，重点单位必须优先保障。

第三节　应急通信组织与指挥流程

一、高层建筑火灾

当高层建筑发生火灾时，指挥部设置要距离高层建筑一定距离，确保无线信号能够覆盖整栋建筑，尽量不要设置在建筑物内。使用便携式转信台时，应当设置在着火层下方 3 层以内或上方 6 层以内，并且楼外指挥车通信员要随时做好人工转信准备。内攻人员合理使用楼内消防电话系统，建立指挥部与内攻人员的通信通道。

高层建筑火灾扑救无线通信组织指挥流程如图 6-1 所示。

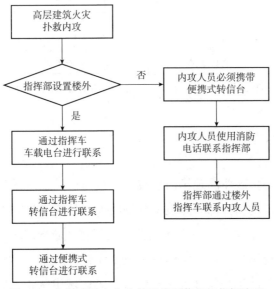

图 6-1　高层建筑火灾扑救无线通信组织指挥流程

二、地下建筑火灾

当地下建筑发生火灾时，指挥部设置不但要靠近火场，还要选择较大的入口处，最好指挥车能够正对入口，或是停靠两个相邻入口的中间位置。指挥车需要使用大功率转信台建立与内攻人员之间的应急通信网。内攻人员进入地下建筑实施灭火救援战斗时必须携带便携式转信台，便携式转信台设置位置需要相对宽敞的地点，并尽量靠近入口。

地下建筑火灾扑救无线通信组织指挥流程如图 6-2 所示。

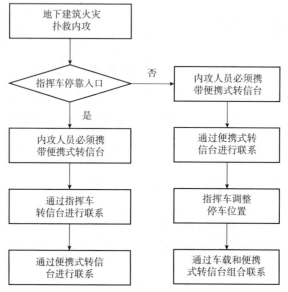

图 6-2　地下建筑火灾扑救无线通信组织指挥流程

三、大型火场

当开展灭火救援战斗的现场面积较大、参与作战单位较多时，应以通信指挥车为中心建立现场指挥部，并根据现场的灭火救援战斗指挥层级，将二级网（火场指挥网）再进行划分，划分为指挥调度网和区域指挥网。指挥调度网内的使用人员主要是现场总指挥、各作战区域（任务）指挥长。区域指挥网内的使用人员主要是各作战区域（任务）指挥长、各区域中队长（通信员）。通信指挥车要在现场利用车载转信台建立应急通信网，以便应答应急呼叫，并且要在部分无线通信信号较弱的区域放置便携式无线通信转信台。

大型火场扑救无线通信组织指挥流程如图 6-3 所示。

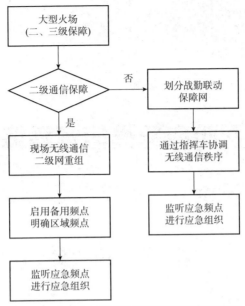

图 6-3 大型火场扑救无线通信组织指挥流程

第七章 消防应急通信预案编制与演练

第一节 预 案

一、主要内容

预案内容一般包括预案的总则、风险描述、风险分析、适用条件、处置措施、组织机构、物资与装备、队伍编成、专业资料、背景资料等。

二、编制依据

《中华人民共和国电信条例》《中华人民共和国无线电管理条例》《国家通信保障应急预案》和《公安消防专业队伍跨区域灭火救援应急通信保障预案》等有关法规和规章制度。

三、编制方法

1. 文字式

文字式编制方法就是仅使用文本编制的预案。

2. 文字附图表式

文字附图表式编制方法是使用文本、图表等多种方式编制的预案。

四、应急通信预案的拟制方法

1. 灾害事故想定

灾害事故想定是对可能发生的灾害事故和其他事故的设想，通常根据消防专业队伍通信作战训练大纲、年度训练计划、演习课题类型、消防专业队伍作战特点，结合设想的地理条件和事故发生区域的情况等因素编写。事故想定是组织、引导预案演练的基本文书。

2. 组织机构与职责

为了保证应急通信保障工作的正常进行，可设立应急通信保障方案执行委员会，下设指挥组、技术保障组、现场行动组、应急车行动组等多个工作组。在特别需要的情况下，还可以组织方案外的临时工作组并分配相应任务，任何人不得借故推辞、逃避工作。

（1）应急通信保障预案执行委员会设置主任、副主任职位，由相关业务部门的领导或技术骨干组成。其主要职责有：

①服从上级应急调度，认真组织完成上级部门下达的应急通信保障任务；

②负责组织制定应急通信保障方案，并检查落实执行情况；

③掌握主要网络组织、网络装备及其运行情况，熟悉应急通信装备的配备情况及性能；

④执行应急通信保障时，有权指挥各个部门直到消防官兵个人，有权调度抢修备用的通信器材、人员和车辆。

（2）指挥组负责了解、掌握突发事件的进展情况，指挥应急通信保障人员执行任务，并及时向上级领导报告情况；同时负责起草各类通知及文件，传达领导的各项指示，安排后勤保障工作，组织协调各组工作；各业务处、工作组根据具体分工及局领导的要求落实、承担相应任务。

（3）技术保障组负责确保信息通信网络的畅通及处置应急事件所需各类图像、图片、声音等资料的收集、整理与编辑工作，并按要求向有关领导及部门上报。根据工作要求，技术保障组可以设置多个工作岗位。

①无线系统岗：保障消防常规、集群、短波等无线通信系统的正常运行，保障临时架设的转信台、无线应急通信车、车载台及手台的正常使用；

②网络系统岗：保障有线专网的畅通；

③系统运行岗：保障计算机信息系统及各数据库的可靠运行；

④卫星系统岗：保障卫星通信网的畅通，负责申请、分配、调整及监控上、下行载波频率、上行发射功率及下行接收信号强度；

⑤资料制作岗：负责各类声像资料的收集整理与编辑制作；

⑥信息传递岗：负责重要信息资料的上传与报送。

（4）现场行动组。视现场工作任务的情况分设若干个工作小组，每组由一名组长负责现场情况的观察与分析，并及时向指挥组报告，同时采集各类现场声像资料。

（5）应急车行动组。由预案中指定的领导任组长，负责将现场行动组及其他部门、单位采集的声像资料传回，必要时临时组成工作小组，承担现场声像资料的采集任务。应急车行动组的工作地点可根据需要设置在应急现场或现场附近安全有效的位置。

3. 装备编成

根据预案设定，应急通信装备主要由以下几类组成：

（1）无线应急通信车。无线应急通信车中配备有常规转信台或集群基站，具备现场临 时组网能力，以保障现场话音业务为主。有条件的应急现场，无线应急通信车也能通过有线或无线链路连接消防专用无线调度通信网的固定台站或系统控制中心，在多网并存地区还可以通过互通终端来实现跨网互联。

（2）现场图像采集系统。现场图像采集系统一般由移动图像采集前端（单兵）和移动图像中继车组成。在仅现场局域组网时，移动中继车可以就近放置在现场指挥部附近；当需要在本地城域组网时，还可以利用固定中继站的转接将现场图像传输至本地的应急指挥中心。由于传输一路图像需要占用 2~8MHz 甚至更大的射频带宽，因此需要申请专用的频率资源；当需要传输的图像路数较多时，还可使用业余频段或临时征用本地空闲的电视频道。

（3）车载短波电台。对于地广人稀地区，配备车载短波电台是满足应急通信保障之需的一种实用选择；在专用无线调度通信网覆盖范围较小的地区，也可配备车载或背负式短波电台来保证在应急时的话音业务。

（4）卫星通信指挥车。卫星通信指挥车属于专用机动应急通信装备，主要装备省级和有条件的省会、计划单列市，一般集成有卫星地球站、常规转信台或集群基站、现场图像采集系统等多种通信装备，可以实现省内的跨地市调度话音互联、现场话音保障、现场图像采集 / 传输和数据查询等多种应急功能。

（5）机载应急通信装备。在消防警用直升机中配备常规转信台、集群基站和图像采集系统，可以实现应急现场通信保障系统的快速部署和大范围覆盖。

（6）与各种公众 / 专用、有线 / 无线通信系统的应急直联设备。

4. 通信组网方案

（1）途中通信。设定应急救援通信保障在前往灾害现场的途中的通信方式。

（2）现场无线通信组网。通过掌握通信装备资源分布情况，根据灭火救援指挥需要，调配通信装备，组织建立现场灭火救援应急通信网络，指导协调参战消防专业队伍灭火救援应急通信保障工作。

5. 通信设备保障措施

根据预案设定做好通信设备的调用和保障，执行应急通信保障任务所需的各种设备和器材应由专人管理，定点存放、定期维护、确保完好。

6. 通信分队的分工

应急通信保障分队应根据总指挥部的任务分工，迅速制定相应的通信保障方案，保障分队所在现场的音视频、数据传输，确保通信畅通。

（1）队长（1人）：按照总指挥部的要求，负责指挥协调整个分队的通信保障任务。

（2）副队长（1人）：辅助总指挥指挥协调整个分队的通信保障。

（3）队员（3~6人）：按照上级的指示，负责在现场建立有线、无线、计算机指挥通信网络，与前方总指挥部联网，完成分队所在现场的图像、电话语音、计算机数据传输，保障前方总指挥部的指挥调度。

7. 注意事项

（1）各执行应急通信保障任务的人员应熟悉应急通信保障方案的各项内容，认真履行职责；平时要加强学习与训练。在上级统一组织下，定期开展以实战为背景的演练，掌握和积累在各种情况下开通各类通信装备的技术数据资料，为执行任务打下良好的基础。

（2）强化通信运行管理，做好设备维护，严格按照设备维护标准进行检测，确保各类应急通信装备和车辆处于良好的备战状态。

（3）加强组织纪律性，坚决执行上级有关应急通信的指示和要求，一切行动听指挥，做到令行禁止。

（4）建立健全的岗位责任制，做到分工明确，责任到人，确保一声令下就能立即出动，拉得动，通得上，用得好。

8.图表

根据预案制定相关图表。

第二节 演 练

一、演练的作用

应急预案的演练，可以培养消防专业队伍通信官兵勇敢战斗的意志品质和连续作战的战斗作风，提高通信专业队伍遂行作战的能力。

二、实施内容和步骤

通信专业队伍演练实施，是指从参演者接到最初演练文书起到推演完最后一个情况，是整个综合演练的重要阶段，也是容易与正常值勤工作产生矛盾的时期。演练实施一般按以下步骤进行：

1.下达演练命令，组织专业队伍开进

演练开始前，通信处（科）以首长的名义，以电话或文书的形式向所属部（分）队下达演练课题、目的、时间、方法和要求等。各单位接到演练任务后，即进入演练过程。执行重大通信保障任务前组织的演练，可由作战值班室以紧急电话通知的形式直接向所属分队下达。通信分队接到演练命令后，立即组织专业队伍向演练地域开进，在这个阶段，通信指挥员及其通信指挥机关，应在平时充分准备的基础上，按照通信保障方案，认真组织通信实施。

（1）组织开进时的通信准备。组织专业队伍开进时的通信准备，通常包括演练的通信保障方案准备，演练时通信物资、器材准备，参加演练的通信保障人员以及对通信保障方案熟悉程度等内容的准备。

（2）组织开进时的主要工作。一是进行通信装备器材检查；二是组织人员进行编组训练；三是进行无线电网络检查；四是不断安排或调整通信人员、器材，确保开进时通信联络不间断。

2. 通信演练具体实施

（1）导调。演练过程中，导演组应全面掌握演练情况，并要根据演练进展情况和演练效果，设置演练情况变化，引导专业队伍变换演练方向，充分调动专业队伍的通信保障能力，提供给各级指挥员发挥指挥决策、应变能力的空间，以获取演练的最佳效益。如演练过程中，在发生重大错误或背离演练初衷，但不影响值勤大局时，导演组应适时给予指出，可不中断演练。如出现影响到通信运行的情况，或有可能通信中断时，导演组应立即向领导小组请示，尔后下达中断演练命令。

（2）组织实地演练。组织实地演练，通常分为演练待演、演练推演和推演结束三个阶段。

演练待演阶段，是指从导演组发出演练指令至参演者到达演练指定场所成待演的过程，是演练的补充准备阶段，这个阶段时间跨度短，准备涉及内容多。导演组通常应向参演者概略明确演练题目、方式、方向、地区和要求，使参演者有针对性地做好演练前的准备工作。导调人员除完成自身的准备外，还应参与参演者的演练准备活动。参演者应根据导演组的要求和指令，在调整人员的指导下，认真研究演练情况，熟悉演练的有关材料和参考资料，认真地完成推演的各项准备工作，使演练有个良好的开端。各种保障人员应按计划和规定迅速到位，履行各自的职责。如担任警戒、调整勤务的人员开始警戒和调整勤务工作；担任情况显示的人员，做好情况显示的准备；担任通信保障的人员必须提前进入演习角色，确保通信指挥的快速传递等。

演练推演阶段，是指从发出演练开始信号起至推演完最后一个情况的过程，是演练的实体阶段。这个阶段的特点是：紧张激烈，工作作业量大，时效要求高。这个阶段，导演的主要活动是：全面了解情况，掌握推演进程，及时处理演习中的重大问题，精心指导演习的全过程。当发现演习失调时，及时采取调整、变更措施，并将调整变更事项通知有关人员；经常与调整员保持联系，协调各调整组及调整员之间的工作；保证情况显示、调整工作与参演者的行动相协调；检查、督促各项保障、安全工作，及时发现和消除安全隐患。调整员的主要工作：组织传递、报送演练文件，或提供演练补充条件，或组织情况显示;根据推演内容和导演意图,以灵活的方法和手段,不间断地实施调整;把握好演练时间和内容进程;掌握上下级情况的通达和处置结果,与导演、调整组保持经常的联系,及时向导演报告情况;推演完一个问题或情况,抓紧时间,有针对性地进行简明扼要的讲评,肯定成绩,指出不足,提出改进措施。参演者的活动:依据提供的演练条件,按照组织指挥行动的一般程序、内容和方法,在规定的时限内,演练各自的动作并接受调整。指挥员的重点是分析判断情况、定下决心和处理情况;机关主要是围绕首长定下决心和实现决心这两个基本环节,展开业务工作;部(分)队按照指挥员和机关的指示,严肃认真,灵活逼真地进行演练。勤务保障分队(人员)的任务:根据演练实施进程和导演、调整员的指令,适时进行情况显示和警戒;随着演练的推进,及时变换或转移保障场所;认真履行职责,消除隐患,保障演练推演安全顺畅运行。

推演结束阶段,是指推演完最后一个情况至离开演练场所的过程,是演练的收尾阶段。当演练按计划进行完毕并已收到预期效果时,或出现重大问题必须中断演练时,导演组应通过电话(对讲系统)或其他形式,向所属分队宣布演练结束,并对善后工作提出相关要求。其特点是:演练推演结束,人员易于松懈;演练人员分散,组织工作复杂;收尾时间紧张,善后工作繁多。此时,导调人员应及时发出演练结束信号或指示,组织演练人员离开演练场所,或到指定地点集中,听候安排;参演者接到演练结束的号令或通知后,应迅速停止演练活动,按导调人员的安排行事,警戒分队继续担负警戒任务,等演练场所清理完毕后,按命令撤出警戒地区或位置;情况显示人员和有关人员根据导演组指示,开始清理或排除未爆炸的弹药或爆破器材。

(3)演练讲评。综合演练结束后,通信部门应组织对演练情况进行总结讲评。演练讲评由演练导演亲自实施,通常在演练结束后进行,有时在演练实施过程中按训练问题分阶段讲评,演练结束后再作综合讲评。

演练讲评没有固定的模式,通常分为演练的基本情况、演练的主要成绩(或主要收获)、演练存在主要问题、下步努力的方向四个部分。

基本情况是对整个演练的概要叙述和总评价。通常按顺序写明下列内容:演练背景(即组织演练的依据)、演练时间、课题、目的、参演实力(包括兵力、车辆、武器和主要装备)、演练的主要方法、演练的主要问题、演练的主要成绩以及对演练的总评价。对演练基本过程的归纳要简洁、明快、条理清楚。对演练的评价要切合实际，掌握好分寸，主要写明演练有哪些收获、达到了什么目的。如：通过演练，强化了年度课题训练，提高了首长、机关的谋略水平和业务能力；使各级指挥员进一步熟悉了组织指挥的方法、程序，增强了组织指挥能力；锻炼了专业队伍的作风，增强了综合保障能力，演练达到了预期目的。

主要成绩（或主要收获），是讲评的主要部分，也是重点，应该重点写，写深写透。写这一部分时，要以演练事实为依据，紧紧围绕演练目的和主要演练内容，以写首长机关活动和专业队伍活动为主，突出运用和组织指挥，对专业队伍演练的主要成绩实事求是地做出客观评价。基本方法是先归纳、提炼出观点，列出小标题，从全局着眼，对演练的整个过程进行通盘考虑，综合分析，从大量事实中抽出最值得总结的内容，作为小标题。主要成绩和收获，有时还可以主要特点的面目出现，即通过概括演练的特点，把成绩和收获说清楚。这种写法容易写得观点鲜明，条理清楚，给人留下清晰的印象。

存在问题主要写演练中存在的不足和暴露或发现的问题。写之前，要先把具体问题罗列出来，归纳分类，然后再写。写问题应开门见山，一针见血，必要时举例说明；指明问题后，还应分析存在问题的主、客观原因。写问题要实事求是，分析原因要准确、合理。

最后一部分是下一步努力方向。主要针对演练中暴露的问题，提出改进通信训练的意见或着重解决的问题。一般是针对存在的问题，结合下一步的训练任务，列项分写。由于这一部分对专业队伍训练具有指导意义，因此要写得恳切、具体、实在，便于操作。既要指明训练重点，交代清楚任务，又要拿出详细的改进意见和具体的办法措施，还要明确有关要求，以便专业队伍贯彻执行。

三、注意事项

1. 清理演练现场

演练结束后，必须认真清场，撤除各种演练设施，平整构筑的工事、堑壕，收回各种演练器材，平整演练损坏的道路等，尽量不留演练的痕迹。清理演练场的工作一定要认真做好。组织者应亲自督促指导，不留隐患。

2. 组织专业队伍撤回

演练结束后，导演组通常要拟制并下达回撤指示（命令）。回撤指示（命令）主要明确各单位回撤路线、时间、方式以及有关规定。在拟制回撤指示（命令）时，要科学安排各部（分）队回撤的时间和方式，有针对性地提出要求，确保演练专业队伍安全返回。

3. 检查群众纪律

演练结束后，导演组要组织人员深入演练地区的村、镇，调查部（分）队有无违反群众纪律的人和事，发现问题，要妥善处理。

4. 收集整理资料

演练资料主要有：演练组织准备阶段首长的指示；演练想定、计划、规定和各种参考资料等；演练阶段的各种导调文书和作业文书，以及演练中首长的指示，演练结束后的讲评，总结材料等。这些资料既是演练情况的反映，又是以后研究演习的重要参考材料。因此，在演练结束后，要注意把各种演练资料收集齐全，并归类整理，装订成册，存档备案。

第三节　想定演练

一、定义

想定演练，是以消防通信专业队伍遂行某一想定的任务为背景，以情况想定为依据，将通信技术、战术和勤务保障等内容贯穿于一个或数个战术课题中进行的一种训练活动。

二、分类

根据想定任务的不同，一般可分为抗灾抢险、反恐怖活动、处置突发性事件和大规模群体活动等类别。

三、一般程序

1. 编写演练想定

演练想定是对消防通信专业队伍遂行保障不同作战任务的设想，是引导通信部（分）队进行训练的文书，是使受训者能在近似实战的情况下，进一步理解和运用理论原则，以提高组织和指挥能力。想定，通常根据训练大纲、训练计划所制定的训练课目、目的、问题、时间、方法以及首长指示和专业队伍训练的实际情况进行编写。

2. 组织实施

演练实施是按照想定的演练方案指导演练的过程。它根据演练的想定内容，明确按照具体的推演步骤、演练专业队伍（人员）可能采取的行动方案，以及相应的工作程序和工作内容来组织实施演练。

3. 演练讲评

综合演练结束后，通信部门应组织对演练情况进行总结讲评。演练讲评通常在演练结束后进行，有时在演练实施过程中按训练问题分阶段讲评，演练结束后再作综合讲评。演练讲评通常分为演练的基本情况、演练的主要成绩（或主要收获）、演练存在主要问题、下步努力的方向四个部分。

四、基本构成

想定又可分为基本想定和补充想定。

基本想定，是为受训者定下组织战斗决心提供作业条件的训练文书，是编写补充想定的依据。基本想定的内容通常包括：基本情况、局部情况、通信情况、要求执行事项、参考资料和附件等。

补充想定，是对基本想定的补充与继续，编写补充想定的目的，就是为受训者在推演过程中，能围绕不同的训练问题进行重点演练提供必要的作业条件。补充想定应依据企图立案、基本想定、有关训练问题所要达到的目的、原案以及受训者的水平，进行适当的补充。补充想定编写的着眼点要自然客观地把训练的通信问题提供给受训者，让其始终有问题想、有事情做，继而达到训练目的。补充想定的种类分为组织战斗阶段的补充想定和实施阶段的补充想定。

基本想定和补充想定，通常按训练问题、作战时间的先后，将各个训练问题分成若干阶段和若干个具体情况，以命令、指示、通报和报告等形式，逐次提供给参演分队。下达内容要首尾相顾、相互联系，切忌前后矛盾、情况脱节。情况表述的方式要灵活含蓄、曲折隐晦、真假并存，以诱导、锻炼参演分队指挥员的决策思维和处置通信情况的能力，以及士兵对各种复杂情况的适应能力。

五、举例

抗震救灾行动通信想定

一

20××年×月×日×时×分，A地区发生里氏8.0级特大地震，人民生命财产遭受重大损失，地震发生后，党中央、国务院迅速启动应急响应机制，成立了国家抗震救灾联合指挥部，统一指挥军、警、民多方力量，尽最大努力挽救人民生命财产安全，减少灾害造成的损失。

二

根据国家抗震救灾联合指挥部的要求，××省消防总队接到上级命令：命令你部按照预案迅速集结力量，组建300人左右的抗震救灾突击队，赴灾区参加抗震救灾行动。

三

××省消防总队接到命令后，立即召开紧急作战会议，成立总队抗震救灾指挥部并派出前指，统一指挥总队抗震救灾救援队。按照上级指示，总队抗震救灾指挥部当前主要任务：一是集结收拢人员，做好出发的准备工作，按照预案，将抗震救援力量编成为救援1队、救援2队、救援3队，并按照全省地域分布，分别在1号、2号、3号集结点集结，按计划采用航空投送、铁路运输和摩托化开进三种方式开赴灾区；二是做好面对最困难情况的准备，救灾过程中要立足自我保障、准备好救灾物资和生活物资；三是搜集灾区各项情报信息，包括气象、水文、人文资料及交通、电力、通信等技术设施损毁情况；四是接收上级加强的抗震救灾设备和应急通信装备（见表7-1），配发到各应急分队，并与厂家协调，选派精干技术力量进行装备维修保障。

四

××省消防总队抗震救灾指挥部接到上级通信指示：

为最大限度做好抢险救灾通信保障工作，经与有关单位协调，为你部加强部分通信装备和人员（见表 7-2），在规定时间内到现场总指挥部请领，并要求你部要加强组织、管理和进行有关训练，正确使用通信装备，确保通信联络稳定畅通。

五

××省消防总队根据上级要求和力量部署，立即安排以下工作：

1. 拟制抗震救灾跨区机动应急通信保障方案。

2. 挑选综合素质过硬的技术骨干，组建应急通信分队，担负抗震救灾突击队的通信保障任务。

3. 申领、调配、采购应急通信器材及备品备件。

4. 支援各救援队，充实通信保障力量。

六

××省消防总队接到上级情况通报如下：

（一）国家抗震救灾联合指挥部通信枢纽已在 B 地区（距离 A 地区最近）的机场开设完毕。

（二）现场通信情况

1. 公众通信网

各救援力量到达现场后，可通过附近未受毁损的既设通信设施，接入固定电话网、因特网，各电信运营商负责为各救援力量提供接入保障，或提供各类中继信道保障，国家抗震救灾联合指挥部电话号码表（略），信息网络IP地址（略）。

2. 短波通信网

建立联指至各救援力量的情报报知通信，部消防局开通全国消防短波指挥网，各参加救援的消防总队参加。

3. 卫星通信网

（1）各救援力量加入全国消防卫星网，向部消防局和各总队传输抗震救灾救援现场的实施图像，建立语音和数据传输通道。

（2）联指使用鑫诺卫星，建立联指1号卫星通信网，部消防局、武警指挥部、A 地区政府指挥部等单位参加。

（3）利用公众卫星电话设备，建立跨区域卫星电话网，各救援力量参加。

4. 运动通信

联指在机场、指挥部、A地区市政府建立文件交换站。每日17时在上述地点交换文件，急件随到随送。

（三）无线电管理

联指在A地区、B地区等地设立无线电管理技术站，实施救灾区域的无线电管理，实施无线电管制，管制的频段为：2~30MHz、60~100MHz、140~160MHz、260~280MHz、320~480MHz。

<h2 style="text-align:center">七</h2>

省总队抗震救灾指挥部接到开进命令如下：

（1）救援1队于20××年×月×日×时×分，从1号集结地，乘坐民用飞机向灾区机动，可携带便携及背负式装备，抵达B地区机场后，总指挥部安排车辆按预定方案投入抗震救灾行动。

（2）救援2队于20××年×月×日×时×分，从2号集结地，乘坐火车至紧靠A地区的C市火车站，由总指挥部安排车辆按预定方案投入抗震救灾行动。

（3）救援3队于20××年×月×日×时×分，从3号集结地，经××公路，携带大型救援装备，各类保障装备实施机动，按预定方案开展抗震救灾行动，总队前指随救援3队行进。

（4）各救援队到达指定位置后，建立各队指挥所。

表7-1　省消防总队抗震救灾通信保障分队装备表

序号	装备名称	数量	备注
1	卫星通信指挥车	1台	含配套音视频设备1套
2	350M车台	2部	
3	350M转信台	3部	各分队配发1部
4	350M手持台	15部	每部含电池2块、充电器1个，各分队2人1部
5	卫星电话	3部	各分队配发1部
6	单兵图传设备	4套	340M无线图传设备（具备现场组网功能、含显示器、麦克风和功放等），各分队配发1套
7	办公设备	1套	录音电话、计算机、打印机、卫星电视接收机等
8	短波电台	1套	

表7-2　上级加强给总队抗震救灾通信人员和装备表

序号	装备名称	数量	备注
1	125W 短波自适应电台车	1 台	含人员
2	CDMA 机动式移动通信车	1 台	含人员
3	16/32 路微波接力车	2 台	含人员
4	通用超短波电台	2 部	含人员
5	CDMA 手持终端	10 部	

六、想定作业

（1）熟悉想定，根据想定材料，通信指挥员以总队信息通信处处长（主管参谋）的身份，完成如下作业：

①提出通信保障建议报告，拟制抗震救灾行动通信保障方案（文字附表形式）。

②根据导调材料，建立通信联络组织，处置各种通信情况。

（2）熟悉想定，根据想定材料，通信参谋（士官）以各救援分队通信负责人的身份，完成如下作业：

①撰写本分队通信保障方案（文字附表形式）。

②根据导调材料，建立救援分队通信联络组织，处置各种通信情况。

③制定夜间应急通信保障方案（文字附表形式），确保分队各救援组、指挥所和前指、总队全勤指挥部的图像语音通信畅通。

④根据导调材料，建立夜间救援分队通信联络组织，处置各种通信情况。

⑤撰写本分队地处山区、救援现场面积大、人员分散广的通信保障方案（文字附表形式），确保分队各救援组、指挥所和前指、总队全勤指挥部的图像语音通信畅通。

⑥根据导调材料，建立山区救援分队通信联络组织，处置各种通信情况。

（3）熟悉想定，根据想定材料和配备的装备（不含上级加强的装备），分别搭建前线指挥所和各分队指挥所，按照既定的通信保障方案，实现前线指挥所同上级指挥部、各分队指挥所的音视频可视化指挥，在规定的时间内将声音和图像上传到部消防局和省消防总队。

附件：国家通信保障应急预案

1 总则

1.1 编制目的

建立健全国家通信保障和通信恢复应急工作机制，提高应对突发事件的组织指挥能力和应急处置能力，保证应急通信指挥调度工作迅速、高效、有序地进行，满足突发情况下通信保障和通信恢复工作的需要，确保通信的安全畅通。

1.2 编制依据

依据《中华人民共和国电信条例》《中华人民共和国无线电管理条例》和《国家突发公共事件总体应急预案》等有关法规和规章制度，制定本预案。

1.3 适用范围

本预案适用于下述情况下的重大通信保障或通信恢复工作。

（1）特大通信事故；

（2）特别重大的自然灾害、事故灾难、突发公共卫生事件、突发社会安全事件；

（3）党中央、国务院交办的重要通信保障任务。

1.4 工作原则

在党中央、国务院领导下，通信保障和通信恢复工作坚持统一指挥、分级负责，严密组织、密切协同，快速反应、保障有力的原则。

2 组织指挥体系及职责

2.1 国家通信保障应急组织机构及职责

信息产业部设立国家通信保障应急领导小组，负责领导、组织和协调全国的通信保障和通信恢复应急工作。

国家通信保障应急领导小组下设国家通信保障应急工作办公室，负责日常联络和事务处理工作。

2.2 组织体系框架描述

国家通信保障应急领导小组和国家通信保障应急工作办公室负责组织、协调相关省（区、市）通信管理局和基础电信运营企业通信保障应急管理机构，进行重大突发事件的通信保障和通信恢复应急工作。

各省（区、市）通信管理局设立电信行业省级通信保障应急工作管理机构，负责组织和协调本省（区、市）各基础电信运营企业通信保障应急管理机构，进行本省（区、市）的通信保障和通信恢复应急工作。

各基础电信运营企业总部和省级公司设立相应的通信保障应急工作管理机构，负责组织本企业内的通信保障和通信恢复应急工作。各基础电信运营企业省级公司受当地省（区、市）通信管理局和各基础电信运营企业总部的双重领导。

3 预防和预警机制

各级电信主管部门和基础电信运营企业应从制度建立、技术实现、业务管理等方面建立健全通信网络安全的预防和预警机制。

3.1 预防机制

各级电信主管部门要加强对各基础电信运营企业网络安全防护工作和应急处置准备工作的监督检查，保障通信网络的安全畅通。

3.2 预警监测

各级电信主管部门通信保障应急管理机构及基础电信运营企业都要建立相

应的预警监测机制，加强通信保障预警信息的监测收集工作。

预警信息分为外部预警信息和内部预警信息两类。外部预警信息指电信行业外突发的可能需要通信保障或可能对通信网产生重大影响的事件警报。内部预警信息指电信行业内通信网上的事故征兆或部分通信网突发事故可能对其他通信网造成重大影响的事件警报。

各级电信主管部门要与国家、地方政府有关部门建立有效的信息沟通渠道，各级基础电信运营企业网络运行管理维护部门要对电信网络日常运行状况实时监测分析，及时发现预警信息。

3.3　预防预警行动

信息产业部获得外部预警信息后，通信保障应急领导小组应立即召开会议，研究部署通信保障应急工作的应对措施，通知相关基础电信运营企业做好预防和通信保障应急工作的各项准备工作。

基础电信运营企业通过监测获得内部预警信息后，应对预警信息加以分析，按照早发现、早报告、早处置的原则，对可能演变为严重通信事故的情况，及时报告国家通信保障应急工作办公室。国家通信保障应急工作办公室接到预警信息后，立即进行分析核实，经确认后，通知可能受到影响的其他基础电信运营企业，做好预防和应急准备工作。

3.4　预警分级和发布

3.4.1　预警分级

预警划分为四个等级：

Ⅰ级：因特别重大突发公共事件引发的，有可能造成多省（区、市）通信故障或大面积骨干网中断、通信枢纽楼遭到破坏等情况，及需要通信保障应急准备的重大情况；通信网络故障可能升级造成多省（区、市）通信故障或大面积骨干网中断的情况。

Ⅱ级：因重大突发公共事件引发的，有可能造成该省（区、市）多个基础电信运营企业所属网络通信故障的情况，及需要通信保障应急准备的情况；通信网络故障可能升级造成该省（区、市）多个基础电信运营企业所属网络通信故障的情况。

Ⅲ级：因较大突发公共事件引发的，有可能造成该省（区、市）某基础电信运营企业所属网络多点通信故障的情况；通信网络故障可能升级造成该省（区、市）某基础电信运营企业所属网络多点通信故障的情况。

Ⅳ级：因一般突发公共事件引发的，有可能造成该省（区、市）某基础电信运营企业所属网络局部通信故障的情况。

3.4.2 预警发布

国家通信保障应急领导小组可以确认并发布Ⅰ级预警信息；省（区、市）通信管理局通信保障应急管理机构可以确认并发布Ⅱ级、Ⅲ级和Ⅳ级预警信息。

各级通信保障应急管理机构应根据国家通信保障应急领导小组发布的预警信息，做好相应的通信保障应急准备工作。

4 应急响应

4.1 响应分级

突发事件发生时，按照分级负责、快速反应的原则，通信保障和通信恢复应急响应工作划分为四个等级：

Ⅰ级：突发事件造成多省通信故障或大面积骨干网中断、通信枢纽楼遭到破坏等重大影响，及国家有关部门下达的重要通信保障任务，由国家通信保障应急领导小组负责组织和协调，启动本预案。

Ⅱ级：突发事件造成某省（区、市）多基础电信运营企业通信故障或地方政府有关部门下达通信保障任务时，由各省（区、市）通信管理局的通信保障应急管理机构负责组织和协调，启动省（区、市）通信管理局通信保障应急预案，同时报国家通信保障应急工作办公室。

Ⅲ级：突发事件造成某省（区、市）某基础电信运营企业多点通信故障时，由相应基础电信运营企业通信保障应急管理机构负责相关的通信保障和通信恢复应急工作，启动基础电信运营企业相应的通信保障应急预案，同时报本省（区、市）通信管理局应急通信管理机构。

Ⅳ级：突发事件造成某省（区、市）某基础电信运营企业局部通信故障时，由相应基础电信运营企业通信保障应急管理机构负责相关的通信保障和通信恢复应急工作，启动基础电信运营企业相应的通信保障应急预案。

4.2 应急处置

本预案重点考虑发生Ⅰ级突发事件时的应急处置工作。

4.2.1 信息上报和处理

突发事件发生时，出现重大通信中断和通信设施损坏的企业和单位，应立即将情况上报信息产业部。信息产业部接到报告后，应在1h内报国务院。

国家通信保障应急工作办公室获得突发事件信息后，应立即分析事件的严重性，及时向国家通信保障应急领导小组提出处理建议，由国家通信保障应急领导小组进行决策，并启动本预案。需要国务院进行协调的，应立即上报国务院。

启动本预案时，相应的通信管理局和基础电信运营企业的通信保障应急管理机构应提前或同时启动下级预案。

4.2.2 信息通报

在处置Ⅰ级突发事件过程中，国家通信保障应急领导小组应加强与通信保障应急任务下达单位或部门及相关基础电信运营企业的信息沟通，及时通报应急处置过程中的信息，提高通信保障和通信恢复工作效率。

基础电信运营企业应将相关信息及时通报与突发事件有关的政府部门、重要单位和用户。

4.2.3 通信保障应急任务下达

发生Ⅰ级突发事件时，国家通信保障应急工作办公室按照国家通信保障应急领导小组的指示，以书面或传真形式向有关省（区、市）通信管理局和基础电信运营企业下达任务通知书。接到任务通知书后，各单位应立即传达贯彻，成立现场通信保障应急指挥机构，并组织相应人员进行通信保障和通信恢复工作。

4.2.4 通信保障应急工作要求

相关省（区、市）通信管理局通信保障应急管理机构和基础电信运营企业收到任务通知书后，应立即开展通信保障和通信恢复应急工作。具体要求如下：

（1）通信保障及抢修遵循先中央、后地方，先重点、后一般的原则；

（2）应急通信系统应保持良好状态，实行24h值班，所有人员应坚守工作岗位待命；

（3）主动与上级有关部门联系，及时通报有关情况；

（4）相关电信运营企业在执行通信保障任务和通信恢复过程中，应顾全大局，积极搞好企业间的协作配合，必要时由国家通信保障应急工作办公室进行统一协调；

（5）在组织执行任务过程中，现场通信保障应急指挥机构应及时上报任务执行情况。

4.2.5 通信保障应急任务结束

通信保障和通信恢复应急工作任务完成后，由国家通信保障应急领导小组下达解除任务通知书，现场应急通信指挥机构收到通知书后，任务正式结束。

4.2.6 调查、处理、后果评估与监督检查

信息产业部负责对特大通信事故原因进行调查、分析和处理，对事故后果进行评估，并对事故责任处理情况进行监督检查。

4.2.7 信息发布

由信息产业部负责有关的信息发布工作，必要时可授权省（区、市）通信管理局进行信息发布工作。

4.2.8 通信联络

在突发事件应急响应过程中，要确保应急处置系统内部机构之间和部门之间的通信联络畅通。通信联络方式主要采用固定电话、移动电话、会议电视、传真等。

5 后期处置

5.1 情况汇报和经验总结

通信保障和通信恢复应急任务结束后，信息产业部应做好突发事件中公众

电信网络设施损失情况的统计、汇总，及任务完成情况总结和汇报，不断改进通信保障应急工作。

5.2 奖惩评定及表彰

为提高通信保障应急工作的效率和积极性，按照有关规定，对在通信保障和通信恢复应急过程中表现突出的单位和个人给予表彰，对保障不力，给国家和企业造成损失的单位和个人进行惩处。

6 保障措施

6.1 通信保障应急队伍

通信保障应急队伍由基础电信运营企业的网络管理、运行维护、工程及应急机动通信保障机构组成。各基础电信运营企业应不断加强通信保障应急队伍的建设，以满足国家通信保障和通信恢复应急工作的需要。

6.2 物资保障

基础电信运营企业应建立必要的通信保障应急资源的保障机制，并按照通信保障应急工作需要配备必要的通信保障应急装备，加强对应急资源及装备的管理、维护和保养，以备随时紧急调用。

6.3 必备资料

各基础电信运营企业应急管理机构必须备有地图、各种通信保障应急预案、通信调度预案和异常情况处理流程图、物资储备清单和相关单位、部门及主管领导联系方式。

6.4 技术储备与保障

信息产业部在平时应加强技术储备与保障管理工作，建立通信保障应急管理机构与专家的日常联系和信息沟通机制，在决策重大通信保障和通信恢复方案过程中认真听取专家意见和建议。

适时组织相关专家和机构分析当前通信网络安全形势，对通信保障应急预案及实施进行评估，开展通信保障的现场研究，加强技术储备。

6.5 宣传、培训和演习

各级通信保障应急管理机构应加强对通信网络安全和通信保障应急的宣传教育工作，定期或不定期地对有关通信保障应急指挥管理机构和保障人员进行技术培训和应急演练，保证应急预案的有效实施，不断提高通信保障应急的能力。

6.6 通信保障应急工作监督检查制度

各级通信保障应急管理机构应加强对通信保障应急工作的监督和检查，做到居安思危、常备不懈。

6.7 需要其他部门保障的工作

6.7.1 交通运输保障

为了保证突发事件发生时通信保障应急车辆及通信物资能够迅速抵达事发地点，国家或地方交通管理部门为应急通信车辆配置执行应急任务特许通行证。在特殊情况下，国家或地方交通部门应负责为应急通信物资的调配提供必要的交通运输工具支持，以保证应急物资迅速到达。

6.7.2 电力保障

突发事件发生时，国家或地方电力部门优先保证通信设施的供电需求。

6.7.3 经费保障

因通信事故造成的通信保障处置费用，由电信运营企业承担；处置突发事件产生的通信保障费用，参照《国家财政应急保障预案》执行。

7 附则

7.1 名词术语说明

（1）通信是指电信网络。

（2）特大通信事故是指由突发事件造成的通信枢纽楼破坏、大面积骨干网中断等情况。

（3）各基础电信运营企业是指中国电信集团公司、中国网络通信集团公司、中国移动通信集团公司、中国联合通信有限公司、中国卫星通信集团公司、中国铁通集团有限公司等。

7.2 预案管理与更新

本预案由信息产业部负责管理和更新，由国家通信保障应急工作办公室根据国家通信保障应急领导小组的命令和指示启动。预案坚持周期性的评审原则，每年一次，根据需要及时进行修改。

7.3 预案生效

本预案自印发之日起生效。